AF450787

NOTICE

SUR

LES CHÉLONIENS, SAURIENS, BATRACIENS

(QUADRUPÈDES OVIPARES)

ET LES OPHIDIENS

(SERPENTS)

QUI HABITENT LE DÉPARTEMENT DE L'ISÈRE.

Grenoble, imp. de Prudhomme.

NOTICE

SUR

LES CHÉLONIENS, SAURIENS, BATRACIENS

(QUADRUPÈDES OVIPARES)

ET LES OPHIDIENS

(SERPENTS)

QUI HABITENT LE DÉPARTEMENT DE L'ISÈRE

SUIVIE D'UNE EXPLICATION DE LA CAUSE QUI A DONNÉ NAISSANCE AU PRÉJUGÉ
GÉNÉRALEMENT RÉPANDU, QUE LES SERPENTS ONT LE POUVOIR,
PAR FASCINATION, D'ATTIRER LES PETITS OISEAUX
POUR EN FAIRE LEUR PROIE,

PAR M. GUILLOT AINÉ

(de la Mure)

Membre correspondant de la société de statistique du département de l'Isère.

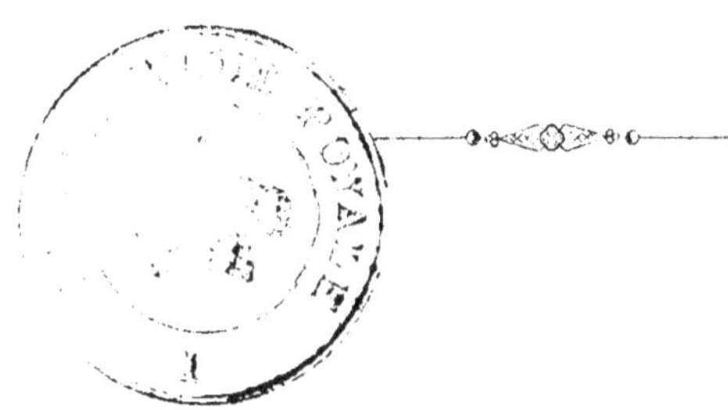

GRENOBLE

PRUDHOMME, IMPRIMEUR-LIBRAIRE

Rue Lafayette, 15.

———

1841.

AVERTISSEMENT.

Cette notice ne devait voir le jour que dans le sein
de la société de statistique du département de l'Isère,
pour laquelle elle était destinée. Mais quelques membres de cette société, à qui nous l'avons communiquée,
nous ayant fait remarquer qu'elle contenait plusieurs
faits nouveaux qui pouvaient intéresser les amateurs
d'histoire naturelle, nous nous sommes décidé à la
livrer au public. Elle n'est, au surplus, qu'une analyse un peu étendue du grand ouvrage de Lacépède,
qui est peu répandu à cause de l'élévation du prix.
Nous pouvons donc espérer que nos lecteurs nous sau-
ront peut-être gré d'avoir mis à leur portée l'histoire
de ces animaux de nos contrées, dont les mœurs et
les habitudes sont si peu connues qu'elles sont encore
de nos jours l'objet de plusieurs contes absurdes, qui
trouvent du crédit même parmi les personnes sensées.

Ce n'est qu'en propageant les lumières, et surtout
en donnant des explications naturelles aux faits merveilleux, dont l'homme se plaît trop souvent à nourrir
son imagination, qu'on parviendra à détruire les pré-
jugés que l'ignorance ou la crédulité de nos pères a
tant contribué à répandre dans la société.

NOTICE

SUR

LES CHÉLONIENS, SAURIENS, BATRACIENS ET LES OPHIDIENS

QUI HABITENT LE DÉPARTEMENT DE L'ISÈRE.

Nous adopterons dans cette notice l'ordre et la classification de l'illustre continuateur de Buffon, en empruntant à son ouvrage tout ce qu'il contient de plus intéressant. Pour éviter la pâleur et la sécheresse d'une analyse, nous tâcherons de conserver entières les phrases et la couleur brillante des descriptions du comte de Lacépède.

QUADRUPÈDES OVIPARES.

Leur nom seul, en indiquant que leurs petits viennent d'un œuf, désigne la propriété remarquable qui les distingue des vivipares. Ils diffèrent d'ailleurs de ces derniers en ce qu'ils n'ont pas de mamelles, en ce qu'au lieu d'être couverts de poils, ils sont revêtus d'une croûte osseuse, de plaques dures, d'écailles aiguës, de tubercules plus ou moins saillants, ou d'une peau nue enduite d'une liqueur visqueuse. Au lieu d'étendre leurs pattes, comme les vivipares, ils les plient et les écartent de manière à être très-peu élevés au-dessus de la terre, sur laquelle ils paraissent devoir plutôt ramper que marcher, ce qui les a fait comprendre sous la dénomination de *reptiles*, que nous ne leur donnerons cependant pas, et qui ne doit appartenir qu'aux serpents.

Les quadrupèdes ovipares ont le sang rouge et presque froid, et respirent par des poumons dont ils peuvent à volonté ralentir ou suspendre l'action. Ces animaux sont presque toujours dans un état d'apathie ou de torpeur ; leurs habitudes sont généralement paresseuses ; ils peuvent plonger très-longtemps et demeurer enfouis dans la vase ou dans des trous où l'air n'a point d'accès ; ils ont la faculté de rester un temps considérable sans prendre de nourriture ; dans notre pays, ils passent tout l'hiver dans l'engourdissement. Comme ils ont une trachée artère et un larynx, ils peuvent presque tous produire une voix ou un son. Les quadrupèdes ovipares changent souvent de peau comme les serpents ; ils ont une force très-considérable de reproduction, c'est-à-dire qu'ils possèdent à un haut degré la faculté de reproduire certaines de leurs parties quand elles leur sont enlevées : la queue des lézards, les pattes des salamandres, renaissent quand on les a coupées.

Ces animaux sont aussi féconds que leur union est quelquefois prolongée ; mais, s'ils semblent éprouver assez vivement le plaisir de l'amour, ils ne ressentent pas de même la tendresse maternelle : ils abandonnent leurs œufs après les avoir pondus, et ces œufs ne sont pas couvés par la femelle : l'ardeur du soleil et de l'atmosphère les fait éclore. Les petits ne connaissent donc jamais leur mère ; ils n'en reçoivent jamais ni nourriture, ni soins, ni éducation. Leur instinct et la nature pourvoient seuls à leur existence. Ils se nourrissent ordinairement d'insectes et de petits poissons ; cependant, à cause de l'élasticité de leurs mâchoires, ils peuvent avaler des proies presque aussi grosses qu'eux.

Les espèces des quadrupèdes ovipares ne sont pas, à beaucoup près, aussi nombreuses que les autres quadrupèdes ; Lacépède en a cependant décrit cent treize ; mais MM. de Buffon et Daubanton ont donné l'histoire et la description de plus de trois cents quadrupèdes vivipares.

Le département de l'Isère ne compte que douze espèces de quadrupèdes ovipares, savoir : la tortue bourbeuse (*mus aquatilis*), le lézard gris, le lézard vert, la salamandre terrestre, la salamandre à queue plate ou aquatique, la grenouille commune, la rousse, la pluviale et la raine, le crapaud commun, le brun et le calamite.

CHÉLONIENS.

LA TORTUE BOURBEUSE.

Cette tortue est une de celles que l'on rencontre le plus souvent au milieu des eaux douces et des marais ; elle est beaucoup plus petite qu'aucune tortue marine, puisque sa longueur depuis le bout du museau jusqu'à l'extrémité de la queue n'excède pas ordinairement trente centimètres, et sa largeur quatorze ou quinze : elle est aussi beaucoup plus petite que la tortue terrestre appelée la grecque. Communément le tour de la caparace est garni de vingt-cinq lames bordées de stries légères ; le disque l'est de treize lames striées de même, faiblement pointillées dans le centre, et dont les cinq de la rangée du milieu se relèvent en arête longitudinale. Cette couverture supérieure est noirâtre et plus ou moins foncée.

La partie supérieure du plastron est terminée par une ligne droite. La couleur générale de la peau de cette tortue tire sur le noir, ainsi que celle de la caparace. Les doigts sont très-distincts l'un de l'autre, mais réunis par une membrane : il y en a cinq aux pieds de devant et quatre aux pieds de derrière ; le doigt extérieur de chaque pied de devant est communément sans ongle, la queue est à peu près longue comme la moitié de la couverture supérieure ; au lieu de la replier sous sa caparace, ainsi que la plupart des tortues de terre, la bourbeuse la tient étendue lorsqu'elle marche, et c'est de là que lui est venu le nom de rat aquatique que les anciens lui ont donné. Lorsqu'on la voit marcher, on croirait avoir devant les yeux un lézard dont le corps serait caché sous un *bouclier* plus ou moins étendu. Ainsi que les autres tortues, elle fait entendre quelquefois un sifflement entrecoupé.

On la trouve non-seulement dans les climats tempérés et chauds, mais encore en Asie, au Japon, dans les grandes Indes; on la rencontre à des latitudes beaucoup plus élevées que les tortues de mer. On l'a pêchée quelquefois dans les rivières de la Silésie; mais cependant elle ne supporterait que très-difficilement un climat très-rigoureux, et du moins elle ne pourrait s'y multiplier. Elle s'engourdit pendant l'hiver, même dans les pays tempérés. C'est à terre qu'elle demeure pendant sa torpeur; dans le Languedoc elle commence, vers la fin de l'automne, à préparer sa retraite. Elle creuse pour cela un trou ordinairement de vingt-sept centimètres de profondeur. Elle emploie plus d'un mois à cet ouvrage : il arrive souvent qu'elle passe l'hiver sans être entièrement cachée, parce que la terre ne retombe pas toujours sur elle lorsqu'elle s'est placée au fond de son trou. Dès les premiers jours du printemps, elle change d'asile : elle passe alors la plus grande partie du temps dans l'eau; elle s'y tient souvent à la surface, et surtout lorsqu'il fait chaud et que le soleil luit : dans l'été, elle est presque toujours à terre : elle multiplie beaucoup dans plusieurs endroits aquatiques du Languedoc, ainsi qu'auprès du Rhône, dans les marais d'Arles et dans plusieurs endroits de la Provence.

Ce n'est qu'à terre que la bourbeuse pond ses œufs; elle les dépose, comme la tortue de mer, dans un trou qu'elle creuse, et elle le recouvre de terre ou de sable : la coque en est moins molle que celle des tortues franches, et leur couleur est moins uniforme. Lorsque les petites tortues sont écloses, elles n'ont quelquefois que trois centimètres ou environ de largeur. La bourbeuse ayant les doigts des pieds plus séparés, et une charge moins pesante que la plupart des tortues, et surtout que la tortue terrestre appelée la *grecque*, il n'est pas surprenant qu'elle marche avec bien moins de lenteur, lorsqu'elle est à terre et que le terrain est uni.

Les bourbeuses ou les tortues d'eau douce proprement dites croissent pendant très-longtemps ainsi que les tortues de mer; mais le temps qu'il leur faut pour atteindre à leur entier développement est moindre que celui qui est nécessaire aux tortues franches, attendu qu'elles sont plus petites; aussi ne vivent-elles pas si longtemps : on a cependant observé que, lorsqu'elles n'éprouvent point d'accidents, elles parviennent jusqu'à l'âge de quatre-vingts ans et plus.

Le goût que la tortue d'eau douce a pour les limaçons, pour les vers et pour les insectes dépourvus d'ailes, qui habitent les rives qu'elle fréquente, ou qui vivent sur la surface des eaux, l'a rendue utile dans les jardins qu'elle délivre d'animaux nuisibles sans y causer aucun dommage; on la recherche, d'ailleurs, à cause de l'usage qu'on en fait en médecine ainsi que de quelques autres tortues. Elle devient comme domestique; on la conserve dans des bassins pleins d'eau, sur les bords desquels on a soin de mettre une planche qui s'étende jusqu'au fond, quand les bords sont escarpés, afin qu'elle puisse sortir de sa retraite et aller chercher sa petite proie. Lorsqu'on peut craindre qu'elle ne trouve pas une nourriture assez abondante, on y supplée par du son et de la farine. Au reste, elle peut, comme les autres quadrupèdes ovipares, vivre pendant longtemps sans prendre aucun aliment et même quelque temps après avoir été privée d'une des parties du corps qui paraissent les plus essentielles à la vie, après avoir eu la tête coupée.

Autant on doit la multiplier dans les jardins que l'on veut garantir des insectes voraces, autant on doit l'empêcher de pénétrer dans les étangs et dans les autres endroits habités par les poissons. Elle attaque, dit-on, ceux qui sont d'une certaine grosseur, elle les saisit sous le ventre, elle les y mord et leur fait des blessures assez profondes pour qu'ils perdent tout leur sang et s'affaiblissent bientôt ; elle les entraîne alors au fond de l'eau, et elle les y dévore avec tant d'avidité, qu'elle n'en laisse que les arêtes et quelques parties cartilagineuses de la tête ; elle rejette aussi quelquefois leur vessie aérienne qui s'élève à la surface de l'eau, et, par le moyen des vessies à air que l'on voit nager sur les étangs, l'on peut juger que le fond est habité par des tortues bourbeuses.

On ne rencontre la tortue bourbeuse dans notre département que dans les marais et les étangs des environs de Bourgoin.

C'est M. le docteur Albin Gras, secrétaire de la société de statistique, qui nous a révélé l'existence de cette tortue dans l'arrondissement de la Tour-du-Pin.

SAURIENS.

LE LÉZARD GRIS.

Le lézard gris, connu dans le département de l'Isère sous le nom vulgaire de larmuse, est le plus doux de tous les lézards : ce joli petit animal si connu dans toute l'Europe, et avec lequel tant de personnes ont joué dans leur enfance, n'a pas reçu de la nature un vêtement aussi éclatant que plusieurs autres quadrupèdes ovipares, mais elle lui a donné une parure élégante ; sa petite taille est svelte, son mouvement agile, sa course si prompte qu'il échappe à l'œil presque aussi rapidement que l'oiseau qui vole ; il aime à recevoir la chaleur du soleil, et lorsque, dans un beau jour de printemps, une lumière pure éclaire vivement un gazon en pente, ou une muraille qui augmente la chaleur en la réfléchissant, on le voit s'étendre sur ce mur, ou sur l'herbe nouvelle, avec une espèce de volupté : il fait briller ses yeux vifs et animés ; il se précipite comme un trait pour saisir une petite proie, ou pour trouver un abri plus commode. Bien loin de s'enfuir à l'approche de l'homme, il paraît le regarder avec complaisance ; mais, au moindre bruit qui l'effraie, à la chute d'une feuille, il s'élance, disparaît, se remontre, revient se cacher de nouveau, reparaît encore, décrit en un instant plusieurs circuits tortueux que l'œil a de la peine à suivre, se replie plusieurs fois sur lui-même, et se retire enfin dans quelque asile jusqu'à ce que sa crainte soit dissipée ; il échappe ordinairement avec rapidité lorsqu'on veut le saisir ; lorsqu'on l'a pris, on le manie sans qu'il cherche à mordre. Les enfants en font un jouet, et, par suite de la grande douceur de son caractère, il devient familier avec eux, on dirait qu'il cherche à leur rendre caresse pour caresse, il approche innocemment la bouche de leur bouche, il suce leur salive avec avidité. Les anciens l'ont appelé l'ami de l'homme, ils auraient dû l'appeler l'ami de l'enfance ; mais cette enfance souvent ingrate, ou du moins trop inconstante, ne rend pas toujours le bien à ce faible animal ; elle le mutile, elle lui fait perdre une partie de sa queue très-fragile, qui repousse pourtant quelquefois.

Cet animal intéressant est si connu, que nous pourrions nous dispenser d'en faire la description : la plus grande dimension du lézard gris n'excède pas six centimètres de longueur, y compris la queue qui est près de deux fois aussi longue que le corps ; la largeur n'est pas de plus de treize millimètres.

Le tabac en poudre est presque toujours mortel pour le lézard gris ; si on en met dans sa bouche, il tombe en convulsions et le plus souvent il meurt bientôt après. Utile autant qu'agréable, il se nourrit de mouches, de grillons, de sauterelles, de vers de terre, de presque tous les insectes qui détruisent nos fruits et nos grains. Pour saisir les insectes dont ils se nourrissent, les lézards gris dardent avec vitesse une langue rougeâtre assez large, fourchue et garnie de petites aspérités à peine sensibles, mais qui suffisent pour retenir leur proie ailée. Comme les autres quadrupèdes ovipares, ils peuvent vivre beaucoup de temps sans manger ; on en a gardé pendant six mois dans une bouteille sans leur donner aucune nourriture.

Plus il fait chaud, plus les mouvements du lézard gris sont rapides ; à peine les premiers beaux jours du printemps viennent-ils à réchauffer l'atmosphère, que cet animal sortant de la torpeur profonde que le grand froid lui fait éprouver, et renaissant pour ainsi dire à la vie avec les zéphyrs et les fleurs, reprend son agilité et recommence ses espèces de joutes auxquelles il allie des jeux amoureux. Dès la fin d'avril il cherche sa femelle ; ils s'unissent ensemble par des embrassements si étroits qu'on a peine à les distinguer l'un de l'autre, et s'il faut juger de l'amour par la vivacité de son expression, le lézard gris doit être un des plus ardents des quadrupèdes ovipares.

La femelle ne couve pas ses œufs qui sont presque ronds et n'ont pas quelquefois plus de onze millimètres de diamètre ; mais, comme ils sont pondus dans le temps où la température commence à être très-douce, ils éclosent par la seule chaleur de l'atmosphère, avec d'autant plus de facilité que la femelle a le soin de les déposer dans les abris les plus chauds, par exemple, au pied d'une muraille tournée vers le midi. Le lézard gris, enfin, se dépouille de sa peau au printemps et en automne, et lorsque l'hiver arrive, il passe tristement cette saison du froid dans des trous d'arbre ou de muraille, ou dans quelque creux sous terre ; il y éprouve un engourdissement plus ou moins grand suivant le climat qu'il habite et la rigueur de la saison. Il ne quitte ordinairement cette retraite que lorsque le printemps ramène la chaleur.

LE LÉZARD VERT.

La nature, en formant le lézard vert, parait avoir suivi les mêmes proportions que pour le lézard gris, mais elle a travaillé d'après un module plus considérable, elle n'a fait pour ainsi dire qu'agrandir le lézard gris et le revêtir d'une parure plus belle.

C'est dans les premiers jours du printemps que le lézard vert brille de tout son éclat ; lorsqu'ayant quitté sa vieille peau il expose au soleil son corps émaillé des plus vives couleurs, les rayons qui rejaillissent de dessus ses écailles les dorent par reflets ondoyés, et les font étinceler du feu de l'émeraude.

Le dessus du corps de ce lézard est d'un vert plus ou moins mêlé de jaune, de gris, de brun et même quelquefois de rouge ; le dessous est toujours plus blanchâtre. Les teintes de ce quadrupède ovipare sont sujettes à varier, elles pâlissent dans certains temps de l'année et surtout après la mort de l'animal ; mais c'est principalement dans les climats chauds qu'il se montre avec l'éclat de l'or et des pierreries. C'est aussi dans les pays moins éloignés de la zone torride qu'il est plus grand et qu'il parvient quelquefois à la longueur de quatre-vingts centimètres ; mais, dans notre pays, sa grandeur ne dépasse pas vingt-deux centimètres. On le rencontre communément dans les endroits secs et pierreux ; on en voit au Polygone sur les bords du Drac, et dans tous les environs de Grenoble.

Le lézard vert se laisse approcher difficilement, il mord presque toujours la main de celui qui veut le prendre ; plus fort que le lézard gris, il se bat contre les serpents ; cependant il est rarement vainqueur. L'agitation qu'il éprouve et le bruit qu'il fait lorsqu'il se voit approcher ne viennent que de sa crainte ; mais on s'est plu à tout ennoblir dans cet être paré de si brillantes couleurs : on a regardé ses mouvements comme une marque d'attention et d'attachement, et l'on a dit qu'il avertissait l'homme de la présence des serpents qui pouvaient lui nuire. Il recherche les vers et les insectes, il se jette avec une sorte d'avidité sur la salive qu'on vient de cracher ; il se nourrit aussi d'œufs de petits oiseaux, qu'il va chercher au haut des arbres où il grimpe avec assez de vitesse. Quoique plus bas sur ses pattes que le lézard gris, il court cependant avec agilité, et part avec assez de promptitude pour donner un premier mouvement de surprise et d'effroi, lorsqu'il s'élance au milieu des broussailles ou des feuilles sèches. Il saute très-haut, et comme il est plus fort, il est aussi plus hardi que le lézard gris : il se défend contre les chiens qui l'attaquent ; l'habitude de saisir par l'endroit le plus sensible et par conséquent par les narines les diverses espèces de serpents avec lesquelles il est souvent en guerre, fait qu'il se jette au museau des chiens et les y mord avec tant d'obstination, qu'il se laisse emporter et même tuer plutôt que de desserrer les dents. Il a du reste les mêmes habitudes que celles du lézard gris, et ses œufs sont ordinairement plus gros que ceux de ce dernier.

LA SALAMANDRE TERRESTRE (1).

Il semble que plus les objets de la curiosité de l'homme sont éloignés de lui, plus il se plaît à leur attribuer des qualités merveilleuses ; nous voici maintenant à l'histoire du lézard pour lequel l'imagination de l'homme s'est surpassée ; on lui a attribué la plus merveilleuse de toutes les propriétés : tandis que les corps les plus durs ne peuvent échapper à l'action du feu, on a voulu non-seulement qu'un petit lézard ne

(1) Cette notice ayant été lue à la société de statistique, un de ses membres a dit qu'elle était incomplète, qu'il existait d'autres salamandres dans ce département ; dans ce cas, Lacépède aurait fait un oubli bien essentiel, car, dans son ouvrage, il n'est question que de six salamandres, savoir : les deux que nous venons de décrire, qui se trouvent presque partout ; la ponctuée que l'on ne rencontre qu'à la Caroline ; la quatre-raies qui habite l'Amérique du nord ; la sarroube, originaire de l'île de Madagascar ; et la trois-doigts qu'on a trouvée sur le cratère du Vésuve.

Les anciens auteurs parlent bien d'une salamandre aquatique à queue ronde, mais son existence est contestée. Linné doute si ce n'est pas une variété causée par l'âge qui apporte de grandes différences parmi les salamandres. C'est ce qui aura pu induire en erreur l'honorable membre de la société, qui croit à l'existence d'autres salamandres dans ce département.

fût pas consumé par les flammes, mais qu'il parvînt même à les éteindre ; et, comme les fables agréables s'accréditent aisément, l'on s'est empressé d'accueillir celle d'un petit animal si privilégié, si supérieur à l'agent le plus actif de la nature. Les anciens ont cru à cette propriété de la salamandre. Désirant que son origine fût aussi surprenante que sa puissance, et voulant réaliser les fictions ingénieuses des poëtes, ils ont écrit qu'elle devait son existence au plus pur des éléments, qui ne pouvait la consumer, et ils l'ont dite fille du feu, en lui donnant cependant un corps de glace. Les modernes ont adopté les fables ridicules des anciens ; et, comme on ne peut jamais s'arrêter quand on a dépassé les bornes de la vraisemblance, on est allé jusqu'à penser que le feu le plus violent pouvait être éteint par la salamandre terrestre. Des charlatans vendaient ce petit lézard, qui, jeté dans le plus grand incendie, devait, disaient-ils, en arrêter les progrès. Il a fallu que des physiciens, des philosophes, prissent la peine de prouver par le fait ce que la raison aurait dû démontrer, et ce n'est que lorsque les lumières de la science ont été très-répandues qu'on a cessé de croire à la propriété de la salamandre.

Cependant elle inspire encore de nos jours à quelques habitants de la campagne une assez grande frayeur ; à peine osent-ils en approcher armés de bâtons (1), bien qu'elle ne morde point quand même on cherche à l'irriter. Ce lézard, qui se trouve dans tant de pays de l'ancien monde, même à de très-hautes latitudes, a été cependant très-peu observé, parce

(1) Quelques-uns d'entre eux portent même la crédulité si loin qu'ils sont encore persuadés aujourd'hui que le souffle de ce lézard est un poison mortel.

Leur prévention est si forte contre cet innocent animal, qu'ils sont persuadés que, lorsqu'il s'introduit dans les écuries, il fait périr les bestiaux. Aussi, toutes les fois que ceux-ci deviennent victimes d'une épizootie ou d'une maladie dont la cause leur est inconnue, ils ne manquent jamais de l'attribuer au souffle empoisonné de la salamandre.

qu'on le voit rarement hors de son trou, et parce qu'il a pendant longtemps inspiré une assez grande frayeur. Aristote même ne paraît en parler que comme d'un animal qu'il ne connaissait presque pas.

La salamandre est aisée à distinguer du lézard gris et du lézard vert par la conformation particulière de ses pieds de devant, où elle n'a que quatre doigts, tandis qu'elle en a cinq à ceux de derrière. Les plus grandes salamandres n'ont guère plus de dix-neuf centimètres depuis le bout du museau jusqu'à l'extrémité de la queue ; la peau n'est revêtue d'aucune écaille sensible, mais elle est garnie d'une grande quantité de mamelons et percée d'un grand nombre de petits trous, dont plusieurs sont très-sensibles à la vue simple, et desquels découle une sorte d'humeur laiteuse semblable à celle des euphorbes, qui se répand ordinairement de manière à former un vernis transparent au-dessus de la peau.

La couleur de ce lézard est très-foncée; elle prend une teinte bleuâtre sur le ventre et présente des taches jaunes assez grandes, irrégulières, et qui s'étendent sur tout le corps, même sur les pieds et sur les paupières ; quelques-unes de ces taches sont parsemées de petits points noirs , et celles qui sont sur le dos se trouvent souvent sans interruption et forment deux longues bandes jaunes. La queue presque cylindrique paraît divisée en anneaux d'une substance très-molle.

La salamandre terrestre n'a point de côtes, non plus que les grenouilles auxquelles elle ressemble d'ailleurs par la forme générale de la partie antérieure du corps. Lorsqu'on la touche, elle se couvre promptement de cette espèce d'enduit laiteux. Cette humeur, qui sort par les petits trous que l'on voit à sa surface, est très-âcre ; lorsqu'on en a mis sur la langue, on croit sentir une sorte de brûlure à l'endroit où elle a été appliquée.

Les salamandres terrestres aiment les lieux humides et froids, les ombres épaisses , les bois touffus des hautes montagnes, les bords des fontaines qui coulent dans les prés.

Elles se retirent quelquefois en grand nombre dans le creux des arbres, dans les haies, au-dessous des vieilles souches pourries, et elles passent l'hiver des contrées trop élevées en latitude dans des espèces de terriers où on les trouve rassemblées et entortillées plusieurs ensemble.

La salamandre étant dépourvue d'ongles, n'ayant que quatre doigts aux pieds de devant, et aucun avantage de conformation ne remplaçant ce qui lui manque, ses mœurs doivent être et sont en effet très-différentes de celles de la plupart des lézards. Elle est très-lente dans sa marche ; bien loin de pouvoir grimper avec vitesse sur les arbres, elle paraît le plus souvent se traîner avec peine à la surface de la terre ; elle ne s'éloigne que peu des abris qu'elle a choisis ; elle passe sa vie sous terre, souvent au pied des vieilles murailles. Pendant l'été, elle craint l'ardeur du soleil, et ce n'est ordinairement que lorsque la pluie est près de tomber qu'elle sort de son asile secret pour chercher les mouches, les scarabées, les limaçons et les vers de terre dont elle se nourrit. Lorsqu'elle est en repos, elle se replie souvent sur elle-même comme les serpents; elle peut rester quelque temps dans l'eau sans y périr, elle se dépouille d'une pellicule d'un cendré verdâtre : on a observé que toutes les fois qu'on plongeait une salamandre dans l'eau, elle s'efforçait d'étendre ses narines au-dessus de la surface, comme si elle cherchait l'air de l'atmosphère, ce qui est une nouvelle preuve du besoin qu'ont tous les quadrupèdes ovipares de respirer pendant tout le temps où ils ne sont point engourdis. La salamandre terrestre n'a point d'oreilles apparentes, et en ceci elle ressemble aux serpents. On a prétendu qu'elle n'entendait point, et c'est ce qui lui a fait donner le nom de sourde dans certaines provinces de France. On pourrait le présumer, parce qu'on ne lui a jamais entendu jeter aucun cri, et qu'en général le silence est lié à la surdité; aussi elle est stupide et n'aperçoit point le danger ; quelques gestes qu'on fasse pour l'effrayer, elle s'avance toujours sans se détourner de sa route. Cependant, comme aucun animal n'est privé du sentiment nécessaire à sa conservation, elle comprime, dit-on, rapidement sa peau lorsqu'on la tourmente, et fait jaillir contre ceux qui l'irritent l'humeur âcre que cette peau recouvre. On a fait avaler ce suc laiteux à des lézards gris qui sont morts très-promptement; le lait de la salamandre pris intérieurement pourrait donc être funeste et même mortel pour certains animaux, surtout les plus petits; mais il ne paraît pas nuisible aux grands animaux. Si on la frappe, elle commence par dresser sa queue, elle devient immobile comme si elle était saisie par une sorte de paralysie: au reste, il est difficile de la tuer, elle est très-vivace; mais trempée dans le vinaigre ou entourée de sel en poudre, elle périt bientôt dans des convulsions terribles, ainsi que plusieurs autres lézards.

Comme la vipère, la salamandre terrestre met bas des petits venus d'un œuf éclos dans son ventre ; sa fécondité est très-grande, et le nombre des petits est quelquefois de cinquante.

On rencontre cette salamandre dans tous les environs de Grenoble, dans les endroits humides et ombragés ; nous en avons vu souvent à Sassenage et dans les grandes allées de la Balme.

LA SALAMANDRE AQUATIQUE OU A QUEUE PLATE.

Ce lézard, ainsi que la salamandre terrestre, peut vivre également dans la terre et dans l'eau, mais il préfère ce dernier élément pour son habitation, ce qui lui a fait donner par Linné le nom de lézard des marais. Elle ressemble à la salamandre dont nous venons de parler, en ce qu'elle a le corps dépourvu d'écailles sensibles, ainsi que les doigts dégarnis d'ongles, et qu'on ne compte que quatre doigts à ses pieds de devant; mais elle en diffère surtout par la forme de sa queue : elle varie beaucoup par ses couleurs suivant l'âge et le sexe.

Les plus grandes salamandres à queue plate n'excèdent guère la longueur de seize à dix-neuf centimètres, la tête est aplatie, la langue large et courte; la peau est dure et répand comme celle de la salamandre terrestre une espèce de lait quand on la blesse. Le corps est couvert de petites verrues saillantes et blanchâtres, la couleur générale plus ou moins brune sur le dos s'éclaircit sous le ventre et devient d'un jaune tirant sur le blanc; elle présente de petites taches souvent rondes, foncées, ordinairement plus brunes dans le cercle bleuâtre et diversement placées.

La salamandre à queue plate aime les eaux limoneuses où elle se plaît à se cacher sous les pierres. On la trouve dans les vieux fossés, dans les marais, dans les étangs; on ne la rencontre presque jamais dans les eaux courantes. L'hiver, elle se retire quelquefois dans les souterrains humides; lorsqu'elle va à terre, elle ne marche qu'avec peine et très-lentement; quelquefois, lorsqu'elle vient respirer au bord de l'eau, elle fait entendre un petit sifflement.

Le conte ridicule qu'on a répété pendant tant de temps sur la salamandre terrestre n'a pas été étendu jusqu'à la salamandre à queue plate, mais on a reconnu chez elle une propriété tout opposée : elle peut vivre assez longtemps non-seulement dans un eau très-froide, mais même au milieu de la glace. Elle est quelquefois saisie par les glaçons qui se forment dans les fossés, dans les étangs qu'elle habite. Lorsque les glaçons se fondent, elle sort de son engourdissement; en même temps que sa prison se dissout, elle reprend ses mouvements avec sa liberté.

On a même trouvé pendant l'été des salamandres aquatiques renfermées dans des morceaux de glace tirés des glacières, où elles devaient avoir été sans mouvement et sans nourriture depuis le moment où l'on avait ramassé l'eau gelée dans les marais pour en remplir les anciennes glacières. Ce phénomène, en apparence très-surprenant, n'est qu'une suite des propriétés que nous avons reconnues dans tous les lézards et dans tous les quadrupèdes ovipares.

La salamandre ne mord point, à moins qu'on ne lui fasse

ouvrir la bouche par force, et ses dents sont presque imperceptibles; elle se nourrit de mouches, de divers insectes qu'elle peut trouver à la surface de l'eau, du frai des grenouilles, etc.

Un des faits qui méritent le plus d'être rapportés dans l'histoire de la salamandre à queue plate, c'est la manière dont ses petits se développent; elle n'est point vivipare comme la terrestre, elle pond dans le mois d'avril ou de mai une vingtaine d'œufs joints ensemble par une matière visqueuse.

On trouve la salamandre à queue plate assez communément dans les fossés qui longent la route d'Eybens.

BATRACIENS.

LA GRENOUILLE COMMUNE.

Les grenouilles communes sont en apparence si conformes aux crapauds, qu'on ne peut aisément se représenter les unes sans penser aux autres; on est tenté de les comprendre toutes dans la disgrâce à laquelle les crapauds ont été condamnés, et de rapporter aux premières les habitudes basses, les qualités dégoûtantes et les propriétés malfaisantes des seconds, et il n'en est pas moins vrai que, s'il n'existait point de crapauds, la grenouille nous paraîtrait aussi agréable par sa conformation que distinguée par ses qualités, et intéressante par les phénomènes qu'elle présente dans les diverses époques de sa vie. Nous la verrions comme un animal utile dont nous n'avons rien à craindre, dont l'existence est épurée et qui, joignant à à une forme svelte des membres déliés et souples, est parée des couleurs qui plaisent le plus à la vue, et présente des nuances d'autant plus vives qu'une humeur visqueuse enduit sa peau et lui sert de vernis.

Lorsque les grenouilles communes sont hors de l'eau, bien loin d'avoir la face contre terre et d'être bassement accroupies dans la fange comme les crapauds, elles ne vont que par sauts très-élevés; leurs pattes de derrière, en se pliant et se débandant ensuite, leur servent de ressort, et elles y ont assez de force pour s'élancer souvent jusqu'à la hauteur de quelques pieds. La grenouille commune sort souvent de l'eau, non-seulement pour chercher sa nourriture, mais encore pour s'imprégner des rayons du soleil. On l'entend de très-loin dès que la belle saison est arrivée, elle jette un cri qu'elle répète assez souvent, surtout à la tombée de la nuit. L'expérience des habitants de la campagne leur a appris que les coassements des grenouilles sont d'autant plus forts que le temps est plus disposé à la pluie, et ils peuvent par conséquent annoncer ce météore.

Les grenouilles, comme les autres quadrupèdes ovipares, sont sujettes à s'engourdir et à se dépouiller de leur peau. C'est au retour du printemps que les mâles cherchent à s'unir avec leurs femelles ; il croît alors aux pouces des pieds de devant de la grenouille mâle une espèce de verrue plus ou moins noire et garnie de papilles ; le mâle s'en sert pour retenir facilement sa femelle, il monte sur son dos et l'embrasse d'une manière si étroite avec ses deux pattes de devant, que les doigts s'entrelacent les uns dans les autres et qu'il faut employer un peu de force pour les séparer ; quelque mouvement que fasse la femelle, le mâle la retient avec ses pattes, et ne la laisse pas échapper, même quand elle sort de l'eau ; ils nagent ainsi accouplés pendant un nombre de jours d'autant plus grand que la chaleur de l'atmosphère est moindre, et ils ne se quittent pas avant que la femelle ait pondu ses œufs. Elle les pond au bout de quelques jours en faisant entendre quelquefois un coassement un peu sourd. Ces œufs forment une espèce de cordon, étant collés ensemble par une matière glaireuse dont ils sont enduits. Le mâle saisit le moment où ils sortent de l'anus de la femelle pour les arroser de sa liqueur séminale, en répétant plusieurs fois un cri particulier.

Les œufs nouvellement pondus contiennent un petit globule noir d'un côté et blanchâtre de l'autre, placé au centre d'un autre globule dont la substance glutineuse et transparente, qui doit servir de nourriture à l'embryon, est contenue dans deux enveloppes membraneuses et concentriques; ce sont les membranes qui représentent la coque de l'œuf.

Après un temps plus ou moins long, suivant la température, le globule noir d'un côté et blanchâtre de l'autre se développe et prend le nom de têtard. A mesure qu'il grossit, on distingue sa tête, sa poitrine, son ventre et sa queue dont il se sert pour se mouvoir.

La bouche du têtard n'est point placée, comme dans la grenouille adulte, au-devant de la tête, mais en quelque sorte sur la poitrine; aussi, lorsqu'ils veulent saisir quelque chose qui flotte à la surface de l'eau, ou chasser l'air renfermé dans leurs poumons, ils se renversent comme les poissons dont la bouche est située au-dessous du corps, et ils exécutent ce mouvement avec tant de vitesse que l'œil a peine à les suivre.

C'est ordinairement deux mois après qu'ils ont commencé à se développer que les têtards quittent leur enveloppe pour prendre la vraie forme de grenouille, les pattes de devant commencent à sortir et à se déployer, et la dépouille toujours repoussée en arrière laisse enfin à découvert le corps, les pattes de derrière et la queue qui, diminuant toujours de volume, finit par s'oblitérer et disparaître entièrement.

LA ROUSSE.

Il est aisé de distinguer cette grenouille d'avec les autres par une tache noire qu'elle a entre les yeux et les pattes de devant; elle paraît, au premier coup d'œil, n'être qu'une variété de la grenouille commune, mais elle en diffère en ce qu'elle a le dessus du corps d'un roux obscur, moins foncé quand elle a renouvelé sa peau, et qui devient comme marbré vers le milieu de l'été; le ventre est tacheté de noir; à mesure qu'elle vieillit, les cuisses sont tachées de brun. On l'a appelée la muette, par comparaison avec la grenouille commune dont les cris désagréables et souvent répétés se font entendre de très-loin. Cependant, dans le temps de son accouplement, ou lorsqu'on la tourmente, elle pousse un cri sourd, semblable à une espèce de grognement, et qui est plus fréquent et moins faible dans le mâle.

Les grenouilles rousses passent une partie de la belle saison à terre, dans les prairies ; ce n'est que vers la fin de l'automne qu'elles regagnent les endroits marécageux, et lorsque le froid devient plus vif, elles s'enfoncent dans le limon du fond des marais où elles restent engourdies jusqu'au retour du printemps.

Les grenouilles rousses éprouvent, avant d'être adultes, les mêmes changements que les grenouilles communes.

Vers la fin de juillet, lorsque les petites grenouilles sont entièrement écloses et ont quitté leur état de têtard, elles vont rejoindre les autres grenouilles rousses dans les bois et dans les campagnes ; elles ne voyagent que la nuit pour éviter d'être la proie des oiseaux et autres animaux voraces, en passant le jour sous des pierres et sous différents abris qu'elles rencontrent ; cependant, malgré cette espèce de prudence, pour peu qu'il vienne à pleuvoir, elles sortent de leur retraite pour s'imbiber de l'eau qui tombe.

Comme elles sont très-fécondes et qu'elles pondent ordinairement depuis six cents jusqu'à onze cents œufs, il n'est pas surprenant qu'elles se montrent quelquefois en si grand nombre, surtout dans les bois et les terrains humides, que la terre en paraît toute couverte.

La multitude des grenouilles rousses, qu'on voit sortir de leur trou lorsqu'il pleut, a donné lieu à deux fables. L'on a dit non-seulement qu'il pleuvait quelquefois des grenouilles, mais encore que le mélange de la pluie avec des grains de poussière pouvait les engendrer tout à coup ; l'on ajoutait que ces grenouilles ainsi tombées des nues ou produites d'une manière si rapide, par un mélange si bizarre, s'en allaient aussi promptement qu'elles étaient venues, et qu'elles disparaissaient aux premiers rayons du soleil.

Pour peu qu'on eût voulu découvrir la vérité, on les aurait trouvées avant la pluie sous des tas de pierres et d'autres abris, où on les aurait vues cachées de nouveau après la pluie pour se dérober à une lumière trop vive ; mais on aurait eu deux fables de moins à raconter, et combien de gens dont tout le mérite disparaît avec l'effet merveilleux !

LA PLUVIALE.

Cette grenouille est couverte de verrues, ce qui sert à la distinguer d'avec les autres ; la partie postérieure du corps est obtuse et parsemée au-dessous de petits points. Elle a quatre doigts aux pieds de devant, et cinq doigts un peu séparés les uns des autres aux pieds de derrière. On la trouve dans nos contrées en assez grand nombre après les pluies du printemps et de l'été ; ainsi que la grenouille rousse, c'est de là qu'elle a tiré son nom de *pluviale*. On a fait sur son apparition les mêmes contes ridicules que sur celle de la grenouille rousse.

LA RAINE VERTE OU COMMUNE.

Il est aisé de distinguer des autres grenouilles la raine verte par des espèces de petites plaques visqueuses qu'elle a sous les doigts, et qui lui servent à s'attacher aux branches et aux feuilles des arbres. La couleur du dessus de son corps est d'un beau vert ; le dessous, où l'on voit de petits tubercules, est blanc ; une raie jaune, légèrement bordée de violet, s'étend de chaque côté de la tête et du dos, depuis le museau jusqu'aux pieds de derrière, et une raie semblable règne depuis la mâchoire supérieure jusqu'aux pieds de devant. Le corps est court, presque triangulaire, très-élargi vers la tête, convexe par-dessus et plat par-dessous.

La raine verte saute avec plus d'agilité que les grenouilles communes, parce qu'elle a les pattes de derrière plus longues en proportion de la longueur du corps. C'est au milieu des bois, c'est sur les branches des arbres qu'elle passe presque toute la belle saison. Sa peau est si gluante, et ses pelottes visqueuses se collent avec tant de facilité à tous les corps, quelque polis qu'ils soient, que la raine n'a qu'à se poser sur la branche la plus unie, même sur la surface inférieure des feuilles, pour s'y attacher de manière à ne pas tomber.

Lorsque les beaux jours sont venus, on voit les raines s'élancer sur les insectes qui sont à leur portée ; elles les saisissent et les retiennent avec leur langue, ainsi que les autres grenouilles, et, sautant avec vitesse de rameau en rameau, elles imitent le vol des oiseaux.

Les raines ne vivent dans les bois que pendant le temps de leur chasse ; car c'est aussi au fond des eaux et dans le limon des lieux marécageux qu'elles se cachent pour passer le temps de leur engourdissement.

C'est ordinairement vers la fin d'avril que leurs amours commencent, mais ce n'est pas sur les arbres qu'elles en goûtent les plaisirs, elles reviennent dans l'eau pour s'accoupler et pondre leurs œufs.

On rencontre la raine verte à la fin de mai dans presque tous les bois des environs de Grenoble.

LE CRAPAUD COMMUN.

Depuis longtemps l'opinion a flétri cet animal dégoûtant, dont l'approche révolte tous les sens ; l'espèce d'horreur avec laquelle on le découvre est produite même par l'image que le souvenir en retrace ; beaucoup de gens ne se le représentent qu'en éprouvant une sorte de frémissement, et les personnes qui ont les nerfs délicats ne peuvent en fixer l'idée sans croire sentir dans leurs veines le froid glacial que l'on dit accompagner l'attouchement du crapaud. Tout est vilain jusqu'à son nom qui est devenu le signe d'une basse difformité. Et que l'on ne croie pas que ce soit d'après des conventions arbitraires qu'on le regarde comme un des êtres les plus disgraciés. Il paraît vicié dans toutes ses parties. S'il a des pattes, elles n'élèvent pas son corps disproportionné au-dessus de la fange qu'il habite ; s'il a des yeux, ce n'est point en quelque sorte pour recevoir une lumière qu'il fuit ; mangeant des herbes puantes et vénéneuses, caché dans la vase, tapi sous des tas de pierres, retiré dans des trous de rocher, sale dans son habitation, dégoûtant par ses habitudes, difforme dans son corps, obscur dans ses couleurs, infect par son haleine, ne se soulevant qu'avec peine, ouvrant, lorsqu'on l'attaque, une gueule hideuse, n'ayant pour toute puissance qu'une grande résistance aux coups qui le frappent, que l'inertie de la nature, que l'opiniâtreté d'un être stupide, n'employant d'autre arme qu'une liqueur âcre et fétide qu'il lance contre ceux qui l'irritent.

Son corps arrondi et ramassé a plutôt l'air d'un amas informe et pétri au hasard que d'un corps organisé, arrangé avec ordre et fait sur un modèle. Sa couleur est ordinairement d'un gris livide tacheté de brun et de jaunâtre. Il est encore enlaidi par un grand nombre de verrues ou plutôt de pustules d'un vert noirâtre ou d'un rouge clair ; une peau épaisse, dure et très-difficile à percer couvre son dos aplati. Son large ventre paraît toujours enflé ; ses pieds de devant sont très-peu allongés et divisés en quatre doigts, tandis que ceux de derrière ont chacun six doigts réunis par une membrane.

Le crapaud commun peut à peine marcher et ne saute qu'à une très-petite hauteur; lorsqu'il se sent pressé, il lance contre ceux qui le poursuivent les sucs fétides dont il est imbu. Il fait jaillir une liqueur limpide que l'on dit être son urine, et qui, dans certaines circonstances, est plus ou moins nuisible (1).

(1) Appliquée sur une surface muqueuse, elle produit des gerçures et des excoriations.

Les crapauds s'engourdissent et se reproduisent à peu près comme les grenouilles ; ils vivent d'insectes, de vers, de scarabées, de limaçons ; mais l'on dit qu'ils mangent aussi de la sauge dont ils aiment l'ombre, et qu'ils sont surtout avides de ciguë que l'on a quelquefois appelée le persil des crapauds.

Cependant cet animal immonde et dégoûtant serait en quelque sorte susceptible d'être apprivoisé. Voici ce qu'on lit dans l'ouvrage de Lacépède : « Ce n'est qu'au bout de quatre ans que le crapaud est en état de se reproduire. On a prétendu que sa vie ordinaire n'était que de quinze ou seize ans ; mais sur quoi l'a-t-on fondé ? Avait-on suivi avec soin le même crapaud dans ses retraites écartées ? Avait-on recueilli un assez grand nombre d'observations pour reconnaître la durée ordinaire de la vie des crapauds, indépendamment de tout accident et du défaut de nourriture ?

» Nous avons au contraire un fait bien constaté, par lequel il est prouvé qu'un crapaud a vécu plus de trente-six ans ; mais la manière dont il a passé sa longue vie va bien étonner ; elle prouve jusqu'à quel point la domesticité peut influer sur quelque animal que ce soit, et surtout sur les êtres dont la nature est plus susceptible d'altération, et dans lesquels des ressorts moins compliqués peuvent plus aisément, sans se rompre ou se désunir, être pliés dans de nouveaux sens. Ce crapaud a vécu presque toujours dans une maison où il a été, pour ainsi dire, élevé et apprivoisé. Il n'y avait pas acquis, sans doute, cette sorte d'affection que l'on remarque dans quelques espèces d'animaux domestiques, et qui était trop incompatible avec son organisation et ses mœurs, mais il était devenu familier. La lumière des bougies avait été pendant longtemps pour lui le signal du moment où il allait recevoir sa nourriture : aussi non-seulement il la voyait sans crainte, mais même il la recherchait. Il était déjà très-gros lorsqu'il fut remarqué pour la première fois ; il habitait sous un escalier qui était devant la porte de la maison ; il paraissait tous les soirs au moment où il apercevait la lumière, et levait les yeux comme s'il eût attendu qu'on le prît et qu'on le portât sur une table où il trouvait des insectes, des cloportes et surtout de petits vers qu'il préférait peut-être à cause de leur agitation continuelle; il fixait les yeux sur sa proie, tout d'un coup il lançait sa langue avec rapidité, et les insectes ou les vers y demeuraient attachés, à cause de l'humeur visqueuse dont l'extrémité de cette langue était enduite.

» Comme on ne lui avait jamais fait de mal, il ne s'irritait point lorsqu'on le touchait; il devint l'objet d'une curiosité générale, et les dames mêmes demandèrent à voir le crapaud familier.

» Il vécut plus de trente-six ans dans cette espèce de domesticité, et il aurait vécu plus de temps peut-être, si un corbeau apprivoisé comme lui ne l'eût attaqué à l'entrée de son trou et ne lui eût crevé un œil, malgré tous les efforts que l'on fit pour le sauver. Il ne put plus attaquer sa proie avec la même facilité, parce qu'il ne pouvait juger avec la même justesse de sa véritable place : aussi périt-il de langueur au bout d'un an. »

On trouve plusieurs observations d'après lesquelles il paraîtrait, au premier coup d'œil, qu'un crapaud a pu se développer et vivre un nombre prodigieux d'années dans le creux d'un arbre ou d'un bloc de pierre, sans aucune communication avec l'air extérieur; mais on ne l'a pensé ainsi que parce qu'on n'avait pas bien examiné l'arbre ou la pierre avant de trouver les crapauds dans leurs cavités. Cette opinion ne peut être admise, mais cependant on doit regarder comme très-sûr qu'un crapaud peut vivre très-longtemps et même jusqu'à dix-huit mois sans prendre aucune nourriture, en quelque sorte sans respirer, et toujours renfermé dans des boîtes scellées exactement.

LE BRUN.

Ce crapaud a la peau lisse, sans aucune verrue et marquetée de grandes taches brunes qui se touchent : les plus larges et les plus foncées sont sur le dos, au milieu et le long duquel s'étend une petite bande plus claire. Les yeux sont remarquables en ce que la fente que laisse la paupière en se contractant est située verticalement au lieu de l'être transversalement. Sous la plante des pieds de derrière qui sont palmés on remarque un faux ongle qui a la dureté de la corne. La femelle est distinguée du mâle par les taches qu'elle a sous le ventre.

Ce crapaud se trouve plus fréquemment dans les marais qu'au milieu des terres. Lorsqu'il est en colère, il exhale une odeur fétide semblable à celle de l'ail, ou de la poudre à canon qui brûle, et cette odeur est assez forte pour faire pleurer.

Dans l'accouplement, le mâle paraît prendre des soins particuliers pour faciliter la ponte des œufs de la femelle. Roesel soupçonne qu'il est venimeux, et Actius et Gesner assurent même qu'il peut donner la mort, soit par son souffle empoisonné, lorsqu'on l'approche de trop près, soit lorsqu'on mange des herbes imprégnées de son venin. Sans doute l'assertion de Gesner et d'Actius peut être exagérée ; mais il restera toujours aux crapauds, et surtout au crapaud brun, assez de qualités malfaisantes pour justifier l'aversion qu'ils inspirent.

Si l'humeur que contient le crapaud brun n'est pas positivement un poison, elle a du moins des vertus très-incisives et très-purgatives ; nous tenons le fait suivant d'un médecin grave dont la véracité ne saurait être mise en doute. Ce médecin ayant ordonné des bouillons de grenouilles à un de ses malades habitant la campagne, celui-ci, trompé par les apparences, confondit le crapaud brun avec la grenouille, et s'administra pendant plusieurs jours des bouillons de ce crapaud ; mais, à chaque dose qu'il en avalait, il éprouvait quelque temps après des vomissements et des selles très-abondantes. Ce purgatif d'un genre nouveau, loin de nuire au malade, opéra au contraire sa guérison en produisant probablement un effet tout opposé à celui que le docteur espérait du bouillon de grenouilles qu'il avait ordonné.

LE CALAMITE.

C'est encore un crapaud d'Europe qui a beaucoup de ressemblance avec le crapaud brun, mais qui en diffère cependant assez pour constituer une espèce distincte. Il a le corps un peu étroit ; ses couleurs sont très-diversifiées ; son dos, qui est olivâtre, présente trois raies longitudinales, dont celle du milieu est couleur de soufre, et les deux des côtés, ondulées et dentelées, sont d'un rouge clair, mêlé d'un jaune plus foncé vers les parties inférieures ; les côtés du ventre, les quatre pattes et le tour de la gueule sont marquetés de plusieurs taches inégales et olivâtres.

Voilà la disposition générale des couleurs de la peau, sur laquelle s'élèvent des pustules brunes sur le dos, rouges vers les côtés, d'un rouge pâle vers les oreilles, et d'une couleur de chair éclatante vers les angles de la bouche, où elles sont groupées.

L'extrémité des doigts est noirâtre et garnie d'une peau dure comme de la corne, qui tient lieu d'ongle à l'animal. Au-dessous de la plante des pieds de devant se trouvent deux espèces d'os ou de faux ongles, dont le calamite peut se servir pour s'accrocher ; les doigts des pieds de derrière sont séparés.

Le calamite se tient, pendant le jour, dans les fentes de la terre et dans les cavités des murailles. Au lieu d'être réduit à ne se mouvoir que par sauts, comme les autres quadrupèdes ovipares sans queue, il grimpe quoiqu'avec peine et en s'arrêtant souvent. A l'aide de ses faux ongles et de ses doigts séparés, il monte quelquefois le long des murs, jusqu'à la hauteur de quelques pieds, pour gagner sa retraite.

On ne trouve pas ordinairement les calamites seuls dans leurs trous : ils y sont rassemblés et ramassés au nombre de dix ou douze. C'est la nuit qu'ils sortent de leur asile et qu'ils vont chercher leur nourriture. Pour éloigner leurs ennemis, ils font suinter au travers de leur peau une liqueur dont l'odeur, semblable à celle de la poudre enflammée, est encore plus forte.

Au mois de juin, ceux qui ont atteint l'âge de trois ans, et à peu près leur entier accroissement, se rassemblent pour s'accoupler sur le bord des marais remplis de joncs, où ils font entendre un coassement retentissant et singulier. On pourrait penser que les habitudes particulières de ces crapauds influent sur la nature de leurs humeurs et empêchent qu'ils ne soient venimeux ; cependant Rœsel a présumé le contraire, parce que, suivant lui, les cigognes, qui sont fort avides de grenouilles, n'attaquent point les calamites.

OPHIDIENS.

SERPENTS.

A la suite des quadrupèdes ovipares se présente l'ordre des serpents, ordre remarquable en ce qu'au premier coup d'œil les animaux qui le composent paraissent privés de tous moyens de se mouvoir, et uniquement destinés à vivre sur la place où le hasard les a fait naître. Peu d'animaux ont cependant les mouvements aussi prompts et se transportent avec autant de vitesse que le serpent. Il égale presque par sa rapidité une flèche tirée par un bras vigoureux ; lorsqu'il s'élance sur sa proie ou qu'il fuit devant son ennemi, chacune de ses parties devient alors comme un ressort qui se débande avec violence ; il semble ne toucher à la terre que pour en rejaillir, et, pour ainsi dire, sans cesse repoussé par les corps sur lesquels il s'appuie, on dirait qu'il nage au milieu de l'air en rasant la surface du terrain qu'il parcourt. Lorsqu'il est agité par quelque affection vive, comme l'amour, la colère ou la crainte, il n'appuie contre terre que sa queue qu'il replie en contours sinueux ; il redresse avec fierté sa tête, il relève avec vitesse le devant de son corps, et, le retenant dans une attitude droite et perpendiculaire, bien loin de paraître uniquement destiné à ramper, il offre l'image de la force et du courage.

Tous les serpents viennent d'un œuf ainsi que les quadrupèdes ovipares; mais, dans certaines espèces de ces reptiles, les œufs éclosent dans le ventre de la mère, et ce sont celles auxquelles on a donné le nom de vipères.

On ignore encore combien de jours s'écoulent dans les diverses espèces entre la ponte des œufs et le moment où le serpenteau vient à la lumière : ce temps doit être relatif à la chaleur du climat.

Les femelles ne couvent point leurs œufs, elles les abandonnent après la ponte; elles les laissent quelquefois sur la terre même, surtout dans les contrées très-chaudes, mais le plus souvent elles les couvrent avec plus ou moins de soins, suivant que l'ardeur du soleil et celle de l'atmosphère sont plus ou moins vives.

Si l'on casse ces œufs avant que les petits soient éclos, on trouve le serpenteau roulé en spirale : il parait pendant quelque temps immobile; mais, si le terme de sa sortie de l'œuf n'était pas éloigné, il ouvre la gueule et respire à plusieurs reprises l'air de l'atmosphère. Ses poumons se remplissent, et le jeu alternatif des inspirations et des expirations est pour lui un nouveau moteur assez puissant pour qu'il s'agite, se déroule et commence à ramper.

Lorsque les petits serpents sont éclos ou qu'ils sont sortis tout formés du ventre de leur mère, ils traînent leur frêle existence; ils n'apprennent de leur mère, dont ils sont séparés, ni à distinguer leur proie, ni à trouver un abri; ils sont réduits à leur seul instinct, aussi doit-il en périr beaucoup avant qu'ils soient assez développés, ou qu'ils aient acquis assez d'expérience pour se garantir des dangers.

Les serpents de nos contrées éprouvent un engourdissement

plus ou moins profond ou plus ou moins long, suivant la rigueur et la durée du froid ; ils sortent de leur sommeil lorsque les premiers jours chauds du printemps se font ressentir.

Quelque temps après que les serpents sont sortis de leur état de torpeur, ils se dépouillent comme les quadrupèdes ovipares, et revêtent une peau nouvelle ; ils se tiennent de même plus ou moins cachés tant que cette nouvelle peau n'est pas encore endurcie, mais le temps de leur dépouillement doit varier suivant les espèces, la température du climat et celle de la saison. C'est même dans les serpents que les anciens ont principalement observé le dépouillement annuel, et, comme leur imagination riante et féconde se plaisait à tout embellir, ils ont regardé cette opération comme une sorte de rajeunissement, comme le signe d'une nouvelle existence, comme un dépouillement de la vieillesse et une réparation de tous les effets de l'âge. Ils ont consacré cette idée par plusieurs proverbes ; et, supposant que le serpent reprenait chaque année des forces nouvelles avec sa nouvelle parure, qu'il jouissait d'une jeunesse qui s'étendait autant que sa vie, et que cette vie elle-même était très-longue, ils se sont déterminés d'autant plus aisément à le regarder comme le symbole de l'éternité, que plusieurs de leurs idées astronomiques et religieuses se liaient avec ces idées physiques.

On ignore dans le fait quelle est la durée de la vie des serpents ; on doit croire qu'elle varie suivant les espèces, et qu'elle est d'autant plus considérable qu'elles parviennent à de plus grandes dimensions ; mais on n'a point, à ce sujet, d'observation précise et suivie.

Les espèces de serpents sont répandues en très-grand nombre sur la surface du globe, surtout dans la Zone torride. Lacépède en a décrit plus de cent quarante espèces dans son ouvrage, mais nous n'en comptons que cinq espèces dans notre département : la vipère commune, la vipère noire, qui n'est qu'une variété de celle-ci, la couleuvre verte, la couleuvre à collier et l'orvet.

LA VIPÈRE COMMUNE.

La vipère commune est aussi petite, aussi faible, aussi innocente, en apparence, que son venin est dangereux. Sa longueur totale est communément de soixante-cinq centimètres, celle de la queue de huit ou onze centimètres, et ordinairement le corps est plus long et plus gros dans le mâle que dans la femelle; sa couleur est d'un gris cendré, et le long de son dos depuis la tête jusqu'à l'extrémité de la queue s'étend une sorte de chaîne composée de taches noirâtres de forme irrégulière, et qui, en se réunissant en plusieurs endroits les unes aux autres, représente fort bien une bande dentelée et située en zigzag ; on voit aussi de chaque côté du corps une rangée de petites taches noirâtres, dont chacune correspond à l'angle rentrant de la bande en zigzag ; toutes les écailles du dessus du corps sont relevées au milieu par une petite arête, excepté la dernière rangée de chaque côté, où les écailles sont réunies et un peu plus grandes que les autres. Le dessous du corps est garni de grandes plaques couleur d'acier, et d'une teinte plus ou moins foncée, ainsi que les deux rangs de petites plaques qui sont au-dessous de la queue.

Le dessus du museau et l'entre-deux des yeux sont noirâtres, et, sur le sommet de la tête, deux taches allongées, placées obliquement, se réunissent par un bout et sous un angle aigu.

La tête va en diminuant de largeur du côté du museau, où elle se termine en s'arrondissant, et les bords des mâchoires sont revêtus d'écailles plus grandes que celles du dos, tachetées de blanc et de noir et formant un rebord assez saillant.

Le nombre des dents varie selon les individus ; il est souvent de vingt-huit dans la mâchoire supérieure, et vingt-quatre dans l'inférieure ; mais toutes les vipères ont, de chaque côté de la mâchoire supérieure, une ou deux et quelquefois trois ou quatre dents longues d'environ trois lignes, blanches, diaphanes, crochues et très-aiguës; on les a appelées les dents canines de la vipère, à cause d'une ressemblance imparfaite qu'elles ont avec les dents de plusieurs quadrupèdes. Ces dents longues et crochues sont très-mobiles, ainsi que celles des autres serpents-vipères ; l'animal peut les incliner ou redresser à volonté ; communément elles sont couchées en arrière le long de la mâchoire, et alors leur pointe ne paraît point; mais, lorsque la vipère veut mordre, elle les relève et les enfonce dans la plaie, en même temps qu'elle y répand son venin.

Auprès de la base de ses grosses dents, et hors de leurs alvéoles, on voit dans des enfoncements de la gencive un certain nombre de petites dents crochues, inégales en longueur, conformées comme les dents canines, et qui paraissent destinées à remplacer ces dernières lorsque la vipère les perd par quelque accident. On en a trouvé depuis deux jusqu'à huit. L'on peut présumer que le nombre de ces dents de remplacement est limité, et que, lorsque la vipère a réparé plusieurs fois la perte de ses crochets, elle ne peut plus les remplacer, elle demeure privée de dents canines pendant le reste de sa vie, et peut-être qu'alors on en serait mordu sans éprouver l'action de son venin. Ce défaut absolu de crochets, auquel la vipère serait sujette, devrait être une raison de plus de chercher des caractères extérieurs autres que les dents canines pour distinguer les vipères d'avec les serpents ovipares.

Ces dents canines de la vipère sont creuses; elles renferment une double cavité et comme un double tube dont l'un est contenu dans la partie convexe de la dent, et l'autre dans la partie concave. Le premier de ces deux conduits s'ouvre à l'extérieur par deux petits trous, dont l'un est situé à la base de la dent, et l'autre vers sa pointe ; et le second n'est ouvert que vers la base où il reçoit les vaisseaux et les nerfs qui attachent la dent à la mâchoire.

Ces mêmes dents canines sont renfermées jusqu'aux deux tiers de leur longueur dans une espèce de gaine composée de fibres très-fortes et d'un tissu cellulaire. Cette gaine ou tunique est toujours ouverte vers la pointe de la dent; elle s'y termine par une espèce d'ourlet souvent dentelé et formé par un repli des deux membranes qui la composent.

Le poison de la vipère est contenu dans une vésicule placée de chaque côté de la tête au-dessous du muscle de la mâchoire supérieure : le mouvement du muscle pressant cette vésicule en fait sortir le venin, qui arrive par un conduit à la base de la dent, traverse la gaine qui l'enveloppe, entre dans la cavité de cette dent par le trou situé près de la base, en sort par celui qui est auprès de la pointe et pénètre dans la blessure. Ce poison est la seule humeur malfaisante que renferme la vipère, et c'est en vain qu'on a prétendu que l'espèce de bave qui couvre ses mâchoires lorsqu'elle est en fureur est un venin plus ou moins dangereux : l'expérience a démontré le contraire.

Le suc empoisonné renfermé dans les vésicules de chaque côté de la tête est une liqueur jaune dont la nature n'est ni alcaline ni acide, comme on l'a écrit en divers temps: elle ne produit pas non plus les effets d'un caustique, ainsi qu'on l'a pensé ; et il paraît qu'elle ne contient aucun sel proprement dit, puisque, lorsqu'elle se dessèche, elle ne présente pas un commencement de cristallisation , comme les sels dont l'eau surabondante s'évapore , mais elle se gerce, se retire, se fend, se divise en très-petites portions, de manière à représenter par toutes ces fentes très-déliées et très-multipliées une espèce de réseau que l'on a comparé à une toile d'araignée.

Quelque subtil que soit le poison de la vipère, il paraît qu'il n'a point d'effet sur les animaux qui n'ont pas de sang ; il paraît aussi qu'il ne peut pas donner la mort aux vipères elles-mêmes; et à l'égard des animaux à sang chaud, la morsure de la vipère leur est d'autant moins funeste que leur grosseur est plus considérable, de telle sorte qu'on peut présumer qu'il n'est pas toujours mortel pour l'homme ni pour les grands quadrupèdes ou oiseaux. L'expérience a prouvé aussi qu'il est d'autant plus dangereux qu'il a été distillé en plus grande quantité dans les plaies par des morsures répétées. Le poison de la vipère est donc funeste en raison de sa quantité, de la chaleur du sang et de la petitesse de l'animal qui est mordu. Ne doit-il pas aussi être plus ou moins mortel suivant la chaleur de la saison, la température du climat et l'état de la vipère plus ou moins irritée, plus ou moins pressée par la faim, etc.? Et voilà pourquoi Pline avait peut-être raison de dire que les vipères, ainsi que les autres serpents venimeux, ne renfermaient point de poison pendant le temps de leur engourdissement. Au reste, M. l'abbé Fontana, l'un des meilleurs physiciens et naturalistes de l'Europe, pense que le venin de la vipère tue en détruisant l'irritabilité des nerfs, de même que plusieurs autres poisons tirés du règne animal ou du règne végétal; et il a aussi fait voir que cette liqueur jaune et vénéneuse était un poison très-dangereux lorsqu'elle était prise intérieurement, et que Rédit, ainsi que d'autres observateurs, n'ont écrit le contraire que parce qu'on avait avalé de ce poison en trop petite quantité pour qu'il pût être nuisible (1).

(1) Le fait suivant, dont nous pouvons garantir la vérité, prouverait que le venin de la vipère, appliqué sur une surface muqueuse, produit une action aussi pernicieuse que lorsqu'il est mis en contact avec le sang.

Il y a quelques années, un habitant des environs de la Mure fut mordu par une vipère à un doigt de la main droite. Éprouvant une douleur très-vive, il porta naturellement son doigt à la bouche pour en sucer la plaie, mais, presque instantanément, il se manifesta, à la langue et aux lèvres, une inflammation des plus violentes, qui finit bientôt par envahir la gorge entière. Cependant, au bout de quelques jours, cette inflammation céda aux remèdes qui furent administrés au malade. Pendant cet intervalle, la plaie faite par la vipère fit peu de progrès : l'action du venin se borna à produire une enflure qui ne dépassa pas la longueur du bras, et qui se dissipa presque en même temps que l'inflammation de la gorge.

On a fait depuis longtemps beaucoup de recherches relativement au moyen de prévenir les suites funestes de la morsure des vipères ; mais M. l'abbé Fontana, que nous venons de citer, s'est occupé de cet important objet plus qu'aucun autre physicien ; personne n'a eu plus que lui la patience et le courage nécessaires pour une longue suite d'expériences ; il en a fait plus de six mille ; il a essayé l'effet des diverses substances indiquées avant lui comme des remèdes plus ou moins assurés contre le venin de la vipère ; il a trouvé, en comparant un très-grand nombre de faits, que, par exemple, l'alcali volatil appliqué extérieurement ou pris intérieurement était sans effet contre ce poison ; il en est de même, suivant ce savant, des autres alcalis et de tous les acides en général. Les huiles et particulièrement celle de térébenthine lui ont paru de quelque utilité contre les accidents produits par la morsure des vipères ; et il a pensé que la meilleure manière d'employer ce remède était de tremper pendant longtemps la partie mordue dans cette huile de térébenthine extrêmement chaude. Le célèbre physicien de Florence pense aussi qu'il est avantageux de tenir cette même partie mordue dans de l'eau, soit pure, soit mêlée avec de l'eau de chaux, soit chargée de sel commun ou d'autres substances salines ; la douleur diminue ainsi que l'inflammation, et la couleur de la partie blessée est moins altérée et moins livide.

La vipère commune a les yeux très-vifs ainsi que ceux des quadrupèdes ovipares ; et, comme si elle sentait la présence redoutable du venin qu'elle recèle, son regard paraît hardi, ses yeux brillants surtout lorsqu'on l'irrite ; et alors, non-seulement elle les anime, mais, ouvrant sa gueule, elle darde sa langue qui est communément grise, fendue en deux, et composée de deux petits cylindres charnus adhérents l'un à l'autre jusque vers les deux tiers de leur longueur ; l'animal l'agite avec tant de vitesse qu'elle étincelle pour ainsi dire, et que la lumière qu'elle réfléchit la fait paraître comme une sorte de petit phosphore.

On a regardé pendant longtemps cette langue comme une espèce de dard dont la vipère se servait pour percer sa proie; on a cru que c'était à l'extrémité de cette langue que résidait son venin, et on l'a comparée à une flèche empoisonnée. Cette erreur est fondée sur ce que, toutes les fois que la vipère veut mordre, elle tire sa langue et la darde avec rapidité. Cet organe est enveloppé d'un bout à l'autre dans une espèce de fourreau qui ne contient aucun poison ; ce n'est qu'avec ses crochets que la vipère peut donner la mort, et sa langue ne lui sert qu'à retenir les insectes dont elle se nourrit quelquefois.

Les vipères communes peuvent rester fort longtemps sans prendre de nourriture; lorsque les grands froids sont arrivés, on les trouve ordinairement sous des tas de pierres ou dans des trous de vieux murs, réunies plusieurs ensemble et entortillées les unes autour des autres. Elles ne se craignent pas, parce que leur venin n'est point dangereux pour elles-mêmes, ainsi que nous l'avons vu ; et l'on peut présumer qu'elles se rapprochent ainsi les unes des autres pour ajouter à leur chaleur naturelle, contrebalancer les effets du froid, et reculer le temps qu'elles passent dans l'engourdissement et dans une diète absolue.

Les œufs de vipère commune sont détachés en deux paquets : celui qui est à droite est communément plus considérable, et chacun de ces paquets est renfermé dans une membrane qui sert comme d'ovaire. Le nombre de ces œufs varie beaucoup suivant les individus, depuis douze ou treize jusqu'à vingt ou vingt-cinq ; leur grosseur approche de celle d'un pois.

Le vipereau est replié dans l'œuf, il y prend de la nourriture par une espèce d'arrière-faix attaché à son nombril et dont il n'est pas encore délivré quand il a percé sa coque, ainsi que la tunique qui renferme les œufs ; et, lorsqu'il est venu à la lumi   e, il entraîne avec lui cet arrière-faix, et ce n'est que par   s soins de la vipère mère qu'il en est débarrassé.

Les vipères ne se jettent communément que sur les petits animaux dont elles font leur nourriture, elles n'attaquent point l'homme ni les gros animaux; mais cependant, lorsqu'on les blesse, ou seulement lorsqu'on les agace et qu'on les irrite, elles deviennent furieuses et font alors des morsures assez profondes.

On ignore quelle est la durée de la vie de la vipère; mais, comme ces animaux n'ont acquis leur entier accroissement qu'après six ou sept ans, on doit conjecturer qu'ils vivent en général d'autant plus de temps que leur vie est, pour ainsi dire, très-tenace, et qu'ils résistent aux blessures et aux coups beaucoup plus peut-être qu'un grand nombre de serpents.

On rencontre malheureusement la vipère commune presque partout, surtout sur les coteaux, dans les endroits pierreux, exposés au soleil.

LA VIPÉRE NOIRE.

Cette vipère n'est qu'une variété de la vipère commune: c'est le *coluber prester* de Linné; elle ne diffère de la première que par un fond gris de fer et des taches un peu plus noires : elle est aussi beaucoup moins répandue (1).

(1) Si l'expérience a appris à l'homme que la vipère recélait un poison mortel, l'instinct seul de la nature l'a indiqué aux autres animaux, et surtout au chien. Les combats dont nous avons été témoins entre celui-ci et la vipère le prouvent d'une manière évidente; et d'abord le chien se garde bien de l'attaquer en face, il tourne autour d'elle pour tâcher de la saisir par derrière; mais, le plus souvent, la vipère loin de prendre la fuite, se redresse et se roule en spirale ; élevant sa tête au-dessus de son corps, elle darde sa langue, fait claquer sa mâchoire et entendre des sifflements aigus : ne présentant à son ennemi qu'une gueule béante, elle reste quelquefois longtemps dans cette attitude menaçante ; mais aussitôt que la vipère se déroule pour prendre la fuite, si le chien se trouve courageux, il la saisit ordinairement par le milieu du corps et la secoue avec une telle rapidité

LA COULEUVRE VERTE.

Ce serpent est aussi innocent que la vipère est dangereuse. Paré de couleurs plus vives que ce reptile funeste, doué d'une grosseur plus considérable, plus svelte dans ses proportions, plus agile dans ses mouvements, plus doux dans ses habitudes, n'ayant aucun venin à répandre, il devrait être vu avec plaisir autant que la vipère avec effroi. Il n'a pas, comme les vipères, des dents crochues et mobiles ; il ne vient pas au jour tout formé : ce n'est que quelque temps après la ponte que les petits éclosent. Malgré toutes les dissemblances qui le distinguent des vipères, le grand nombre de rapports l'en rapprochant ont fait croire pendant longtemps qu'il était venimeux. Cette fausse idée a fait et fait encore tourmenter cette innocente couleuvre : on la poursuit comme un animal dangereux, et il n'est encore que peu de gens qui osent la toucher sans crainte et même la regarder sans répugnance.

Cependant cet animal, aussi doux qu'agréable à la vue, peut être aisément distingué de tous les autres serpents et particulièrement des dangereuses vipères, par les belles couleurs dont il est paré. La distribution de ces diverses couleurs est assez constante ; et, pour commencer par celles de la tête, dont le dessus est un peu aplati, les yeux sont bordés d'écailles jaunes et presque couleur d'or qui ajoutent à leur vivacité ; les mâchoires, dont le contour est arrondi, sont garnies de grandes écailles d'un jaune plus ou moins pâle, au nombre de dix-sept sur la mâchoire supérieure et de vingt-six sur l'in-

qu'il devient impossible à celle-ci de se replier pour mordre le chien, lequel ne lâche prise que lorsqu'il croit la vipère tout à fait hors d'état de lui nuire. Mais, s'il s'aperçoit qu'elle fait encore quelque mouvement, il la saisit de nouveau, et ne l'abandonne que lorsqu'elle ne donne plus aucun signe de vie. Cependant tous les chiens n'osent pas attaquer la vipère .

férieure. Le dessus du corps, depuis le bout du museau jusqu'à l'extrémité de la queue, est d'une couleur verdâtre très-
foncée, sur laquelle on voit s'étendre d'un bout à l'autre un
grand nombre de raies composées de petites taches jaunâtres,
de diverses figures, les unes allongées, les autres en losange,
etc., etc., et un peu plus grandes vers les côtés que vers le milieu du dos. Le ventre est d'une couleur jaunâtre ; chacune
des grandes plaques qui le couvrent présente un point noir
à ses deux bouts, et y est bordée d'une très-petite ligne noire,
ce qui produit de chaque côté du dessous du corps une rangée
très-symétrique de points et de petites lignes noirâtres placées
alternativement.

Cette jolie couleuvre parvient ordinairement à la longueur
d'un mètre ou un mètre trente centimètres, et alors elle a
de cinquante-quatre à quatre-vingts millimètres de circonfé-
rence dans l'endroit le plus gros du corps. On compte communément deux cent six grandes plaques sous son ventre, et
cent sept paires de petites plaques sous sa queue, dont la
longueur égale le plus souvent un quart de la longueur totale
de l'animal.

La couleuvre verte et jaune se tient presque toujours cachée,
comme si les mauvais traitements qu'elle a si souvent reçus
l'avaient rendue timide ; elle cherche à fuir lorsqu'on la découvre, et non-seulement on peut la saisir sans redouter un
poison dont elle n'est jamais infectée, mais même sans éprouver d'autre résistance que quelques efforts qu'elle fait pour
s'échapper ; bien plus, elle devient docile lorsqu'elle est prise,
elle subit une sorte de domesticité, elle obéit aux divers mouvements qu'on veut lui faire suivre. On voit souvent des enfants prendre deux serpents de cette espèce, les attacher par
la queue et les contraindre aisément ainsi attelés à marcher du
côté où ils veulent les conduire. Elle se laisse entortiller autour
des bras et du cou, rouler en divers contours de spirale, tour-
ner et retourner en différents sens, suspendre en différentes
positions, sans donner aucun signe de mécontentement. Elle

paraît même avoir du plaisir à jouer ainsi avec ses maîtres ; et comme sa douceur et son défaut de venin ne sont pas aussi bien reconnus qu'ils devraient l'être pour la tranquillité de ceux qui habitent la campagne, des charlatans se servent encore de ce serpent pour amuser et pour tromper le peuple, qui leur croit le pouvoir particulier de se faire obéir au moindre geste par un animal qu'il ne peut quelquefois regarder qu'en tremblant.

Dans tous les endroits où le froid est rigoureux, la couleuvre commune s'enfonce dès la fin de l'automne dans des trous souterrains ou dans d'autres creux où elle s'engourdit plus ou moins complétement pendant l'hiver. Lorsque les beaux jours du printemps paraissent, ce reptile sort de sa torpeur et se dépouille comme les autres serpents. Revêtu ensuite d'une peau nouvelle, pénétré d'une chaleur plus vive, et ayant réparé toutes les pertes qu'il avait éprouvées par le froid et la diète, il va chercher sa compagne, et fait entendre au milieu de l'herbe fraîche son sifflement amoureux. Leur ardeur paraît très-vive ; on les a vus souvent s'élancer contre ceux qui étaient venus troubler leurs amours dans la retraite qu'ils avaient choisie. Cette affection du mâle et de la femelle ne doit pas étonner dans un animal capable d'éprouver pour les personnes qui prennent soin de lui, lorsqu'il est réduit à une sorte de domesticité, un attachement très-fort, et qu'on a voulu même comparer à celui des animaux auxquels nous accordons le plus d'instinct ; et c'est peut-être à l'espèce de la couleuvre verte et jaune qu'il faut rapporter le fait suivant, attesté par un naturaliste très-digne de foi. Cet observateur a vu une couleuvre, qu'il a appelée le serpent ordinaire de France, tellement affectionnée à la maîtresse qui la nourrissait, que ce serpent se glissait souvent le long de ses bras, comme pour la caresser, se cachait sous ses vêtements ou allait se reposer sur son sein. Sensible à la voix de celle qu'il paraissait chérir, il allait à elle lorsqu'elle l'appelait, il la suivait avec constance, il reconnaissait jusqu'à sa manière de rire, il se tournait vers elle lorsqu'elle marchait, comme pour attendre son ordre. Ce même naturaliste a vu un jour la maîtresse de ce doux et familier serpent le jeter dans l'eau pendant qu'elle suivait dans un bateau le courant d'une grande rivière : le fidèle animal, toujours attentif à la voix de sa maîtresse chérie, nageait en suivant le bateau qui la portait ; mais la marée étant remontée dans le fleuve, et les vagues contrariant les efforts du serpent déjà lassé par ceux qu'il avait faits pour ne pas quitter le bateau de sa maîtresse, il fut bientôt submergé.

LA COULEUVRE A COLLIER.

C'est encore dans nos contrées que se trouve en très-grand nombre ce serpent, aussi doux, aussi innocent, aussi familier que la couleuvre verte et jaune. Ses habitudes ne diffèrent pas, à beaucoup d'égards, de celles de cette couleuvre. Il paraît cependant qu'il se plaît davantage dans les lieux humides, ainsi qu'au milieu des eaux ; et c'est ce qui lui a fait donner par plusieurs naturalistes le nom de serpent d'eau, de serpent nageur, d'anguille de baie, etc. Il parvient quelquefois à la longueur d'un mètre ou un mètre trente centimètres. Sa tête est un peu aplatie comme celle de la couleuvre verte ; le sommet est recouvert par neuf grandes écailles disposées sur quatre rangs, dont le premier et le second, à compter du museau, sont composés de deux pièces ; le troisième l'est de trois, et le quatrième de deux. Cette disposition le distingue de la vipère commune aussi bien que la forme de son museau, qui est arrondi au lieu d'être terminé par une écaille presque verticale, comme dans cette même vipère. Sa gueule est très-ouverte, les deux mâchoires présentent, au lieu de crochets mobiles, un double rang de dents, mais immobiles, assez petites et tournées vers le gosier ; dix-sept écailles revêtent à l'extérieur chacune de ces mâchoires, et celles qui recouvrent la mâchoire supérieure sont blanchâtres et marquées de cinq ou six petites raies d'une couleur très-foncée. On voit sur le cou deux taches d'un jaune pâle ou blanchâtre qui forme comme un demi-collier, d'où est venu le nom que nous conservons à ce serpent ; et ces deux taches très-semblables sont d'autant plus sensibles qu'elles sont placées au-devant de deux autres triangulaires et très-foncées.

Le dos est recouvert d'écailles ovales relevées par une arête et plus grandes que celles qui garnissent les côtés et qui sont unies. Tout le dessus du corps est d'un gris plus ou moins foncé, marqueté de chaque côté de taches noires, irrégulières et plus ou moins grandes qui aboutissent aux plaques du ventre ; et au milieu des deux rangées formées par ces taches s'étendent, depuis la tête jusqu'à la queue, deux autres rangées longitudinales de taches plus petites et moins sensibles. Le dessous du ventre est varié de noir, de blanc et de bleu ; mais de manière que les taches noires augmentent en nombre et en grandeur à mesure qu'elles sont plus près de la queue où les plaques sont entièrement noires. Il y a communément cent soixante-dix grandes plaques sous le ventre et cinquante-trois paires de petites plaques sous la queue.

La couleuvre à collier ne renfermant aucun venin, on la manie sans danger ; elle ne fait aucun effort pour mordre, elle se défend seulement en agitant rapidement sa queue, et elle ne refuse pas plus que la couleuvre verte de jouer avec les enfants. On la nourrit dans les maisons où elle s'accoutume si bien à ceux qui la soignent, qu'au moindre signe elle s'entortille autour de leurs doigts, de leurs bras, de leur cou, et les presse mollement comme pour leur témoigner une sorte de tendresse et de reconnaissance. Elle s'approche avec douceur de la bouche de ceux qui la caressent ; elle suce leur salive et aime à se cacher sous leurs vêtements, comme pour s'approcher davantage de ceux qui la chérissent.

En Sardaigne, les jeunes femmes élèvent les couleuvres à collier avec beaucoup d'empressement, leur donnent à manger elles-mêmes, prennent le soin de leur mettre dans la gueule la nourriture qu'elles leur ont préparée ; et les habitants de la campagne les regardent comme des animaux du meilleur augure, les laissent entrer librement dans leurs maisons, et croiraient avoir chassé la fortune elle-même s'ils avaient fait fuir ces innocentes petites bêtes.

La couleuvre à collier dépose ses œufs dans les trous exposés au midi, sur les bords des eaux croupissantes, ou, plus communément, sur des couches de fumier. Ces œufs, qui sont à peu près de la grosseur d'un pois, sont collés ensemble par une matière gluante en forme de grappe.

Les œufs de la couleuvre à collier déposés dans des fumiers ont donné lieu à une fable à laquelle on a cru pendant longtemps. On a prétendu qu'ils avaient été pondus par des coqs ; et, comme on en a vu sortir de petits serpenteaux, on a ajouté que les œufs de coq renfermaient toujours un serpent, que le coq ne les couvait point, mais que lorsqu'ils étaient placés dans un endroit chaud, comme parmi des végétaux en putréfaction, ils produisaient toujours des serpents.

La coque est composée d'une membrane mince, mais compacte et d'un tissu serré. Le petit serpent y est roulé sur lui-même au milieu d'une matière qui ressemble à du blanc d'œuf de poule : on y remarque un placenta, et le cordon ombilical est attaché au ventre un peu au-dessus de l'anus. La chaleur seule de l'atmosphère et celle des matières végétales pourries font éclore ces œufs, qui sont ordinairement au nombre de dix-huit ou vingt ; aussi l'espèce de serpent à collier serait-elle beaucoup plus nombreuse qu'elle ne l'est, si elle ne devenait pas la proie de plusieurs ennemis même très-faibles, dans le temps qu'elle est encore jeune et sans force pour se défendre. Les pies, les mésanges, les moineaux la dévorent, et les grenouilles mêmes s'en nourrissent lorsqu'elles peuvent les saisir sur le bord des marais qu'elles habitent.

Elle rampe sur la terre avec une très-grande vitesse ; elle nage aussi, mais avec plus de difficulté qu'on ne l'a cru. Pendant que l'été règne, elle vit souvent dans les endroits humides, mais on la trouve quelquefois dans les buissons; d'autres fois elle se place sur les branches sèches et élevées des chênes, des saules, des érables, sur les saillies des vieux bâtiments, sur tous les endroits exposés au midi et où le soleil donne avec plus de force. Lorsque la fin de l'automne arrive, elle se rapproche des lieux les moins froids, elle vient auprès des maisons, et se retire enfin dans des trous souterrains à quarante ou cinquante centimètres de profondeur, souvent au pied des haies, et presque toujours dans un endroit élevé, au-dessus des plus fortes inondations. Elle y passe dans l'engourdissement la saison du grand froid. Lorsqu'elle est adulte, l'ouverture de sa gueule, son gosier et son estomac peuvent être très-dilatés, ainsi que ceux des autres serpents, et elle se nourrit alors non-seulement d'herbes, de fourmis et d'autres insectes, mais même de lézards, de grenouilles et de petites souris; elle dévore aussi quelquefois les jeunes oiseaux qu'elle surprend dans leur nid au milieu des buissons, des haies, des branches des jeunes arbres sur lesquels elle grimpe avec facilité. Non-seulement elle se suspend aux rameaux par le moyen de divers plis de son corps, mais elle s'accroche avec sa tête, et, comme elle est plus grosse que son cou, elle la place souvent entre les deux branches d'une tige fourchue, pour qu'arrêtée par sa saillie elle lui serve comme d'une espèce de crochet et de point d'appui.

L'ORVET.

Ce serpent est beaucoup moins répandu dans notre département que la vipère et les deux couleuvres dont nous venons de faire connaître l'histoire; il est également connu sous le nom de serpent aveugle. La partie supérieure de sa tête est couverte de neuf écailles disposées sur quatre rangs, mais différemment que sur la plupart des couleuvres : le premier rang présente une écaille, le second deux, et les deux autres en offrent chacun trois. Les écailles qui garnissent le dessus et le dessous de son corps sont très-petites, plates, hexagones, brillantes, bordées d'une couleur blanchâtre, et rousses dans leur milieu, ce qui produit un grand nombre de très-petites taches sur tout le corps de l'animal. Deux taches plus grandes paraissent, l'une au-dessus du museau, et l'autre sur le derrière de la tête, et il en part deux raies longitudinales, brunes ou noires, qui s'étendent jusqu'à la queue, ainsi que deux autres raies d'un brun châtain qui partent des yeux. Le ventre est d'un brun très-foncé, et la gorge marbrée de blanc, de noir et de jaunâtre. Toutes ces couleurs peuvent varier suivant le pays et peut-être suivant l'âge et le sexe ; mais ce qui peut servir beaucoup à distinguer l'orvet d'avec plusieurs autres anguis, c'est la longueur de sa queue qui égale et même surpasse quelquefois la longueur de son corps. L'ouverture de sa gueule s'étend jusqu'au delà des yeux ; les deux os de la mâchoire inférieure ne sont pas séparés l'un de l'autre, comme dans un grand nombre de serpents ; ses dents sont courtes, menues, crochues et tournées vers le gosier ; la langue est comme échancrée en croissant. On a écrit que ses yeux étaient si petits qu'on avait peine à les distinguer ; cependant, quoiqu'ils soient moins grands à proportion que ceux de beaucoup d'autres serpents, ils sont très-visibles et d'ailleurs noirs et très-brillants. Il ne parvient guère à plus d'un mètre de longueur. On a prétendu que sa morsure était très-dangereuse, mais il n'a point de crochets mobiles, et d'après cela seul on aurait dû supposer qu'il n'avait point de venin ; d'ailleurs les expériences de M. Laurent l'ont mis hors de doute : de quelque manière qu'on irrite cet animal, il ne mord point, mais se contracte avec force et se roidit, dit M. Laurent, au point d'avoir alors l'inflexibilité du bois. Ce naturaliste fut obligé d'ouvrir par force la bouche d'un orvet et d'y introduire la peau d'un chien que les dents de l'animal, trop courtes et trop menues, ne purent percer. De petits oiseaux, employés à la même expérience et blessés par le reptile, ne donnèrent aucun signe de venin. La chair nue d'un pigeon fut aussi mise sous les dents de l'orvet qui la tint serrée pendant longtemps et la pénétra de la liqueur qui était dans sa bouche ; le pigeon fut bientôt guéri de sa blessure sans donner aucun indice de poison.

Lorsque la crainte et la colère contraignent l'orvet à tendre ainsi tous ses muscles et à roidir son corps, il n'est pas surprenant que l'on puisse aisément, en le frappant avec un bâton ou même une simple baguette, le diviser et le casser, pour ainsi dire, en plusieurs petites parties : sa fragilité tient à cet état de roideur et de contraction, ainsi que l'a pensé M. Laurent qui a très-bien observé cet animal, et elle est d'autant moins surprenante que ses vertèbres sont très-cassantes par leur nature, comme celles de presque tous les petits serpents et des petits lézards, et que ses muscles sont composés de fibres qui peuvent aisément se séparer. C'est cette propriété de l'orvet qui l'a fait appeler par Linné *anguis fragile*, et qui l'a fait nommer par d'autres auteurs *serpent de verre*.

L'orvet habite ordinairement sous terre dans des trous qu'il creuse ou qu'il agrandit avec son museau : mais, comme il a besoin de respirer l'air extérieur, il quitte souvent sa retraite ; l'hiver même il perce quelquefois la neige qui couvre les campagnes, et élève son museau au-dessus de sa surface, la température assez douce des trous souterrains qu'il choisit pour asile l'empêchant ordinairement de s'engourdir complétement pendant le froid. Lorsque les chaleurs sont revenues, il passe une grande partie du jour hors de sa retraite, mais, le plus souvent, il s'en éloigne peu, et se tient toujours à portée de s'y mettre en sûreté.

Il se dresse fréquemment sur sa queue qu'il roule en spirale et qui lui sert de point d'appui, et il demeure quelquefois longtemps dans cette situation. Ses mouvements sont moins rapides que ceux de la couleuvre à collier ; il ne répand pas communément d'odeur désagréable.

Nous ne terminerons pas cette notice sans combattre le

préjugé généralement répandu que les serpents, par fascination ou par une espèce de magnétisme animal, ont le pouvoir d'attirer les petits oiseaux pour en faire leur proie. Des
personnes graves et sensées assurent même avoir été témoins
de ce fait vraiment extraordinaire.

Pour nous qui pourtant avons bien souvent parcouru les prairies et les bosquets des environs de la Mure, où l'on rencontre
presque à chaque pas des serpents et de petits oiseaux, nous
n'avons jamais pu jouir d'un spectacle aussi merveilleux.
Voici toutefois un fait qui s'est passé sous nos yeux, qui pourra
peut-être donner une explication satisfaisante de la cause qui
a donné naissance à ce préjugé :

Par une belle matinée du mois de juin nous parcourions
les prairies qui sont au-dessous de la Mure, quand tout à
coup nos oreilles furent frappées par les cris précipités d'un
oiseau ; ces cris nous ayant paru extraordinaires, nous nous
dirigeâmes aussitôt du côté d'où ils partaient, ils semblaient
même redoubler à mesure que nous approchions ; arrivés au
pied d'un vieux saule, nous aperçûmes une mésange à tête
noire qui voltigeait de branche en branche, s'agitant dans tous
les sens et poussant toujours les mêmes cris. Cet oiseau, loin
de fuir à notre approche, semblait au contraire vouloir implo-
rer notre secours. Ne concevant pas son désespoir, l'idée nous
vint que quelque oiseau de proie ou tout autre animal dévo-
rait son nid, et en effet, en jetant les yeux sur le tronc
du saule, nous aperçûmes une énorme couleuvre ayant la
moitié du corps enfoncé dans le creux de cet arbre. Un coup
de canne appliqué tout à coup sur le dos de cet animal vorace
en eut bientôt fait justice ; la couleuvre tomba à nos pieds,
tenant encore à la gueule une mésange à peine éclose qu'elle
n'avait pas eu le temps de dévorer. La mère cessa aussitôt ses
cris, et, loin de s'envoler, elle resta perchée sur les branches
du saule, d'où elle semblait nous regarder avec un sentiment
de reconnaissance. Nous visitâmes le nid de la mésange, il
y restait encore une douzaine de petits (cette espèce de mé-

sange pond de quinze à vingt œufs). Pendant quinze jours, nous ne manquâmes pas une seule fois de rendre visite à l'intéressante famille que nous avions sauvée de la gueule du serpent; à notre approche, la mère sortait quelquefois du nid, mais elle ne quittait jamais les branches du saule. A peine nous étions-nous éloignés, qu'elle retournait à ses petits. A notre dernière visite, nous entendîmes leurs piolements, nous les vîmes voltiger sur les branches du saule, conduits par la mère : tous étaient sortis du nid.

Plusieurs faits de ce genre ont dû se renouveler assez souvent pour donner lieu à une méprise de la part des personnes qui en étaient témoins, lesquelles n'ayant d'abord aperçu qu'un serpent et un oiseau qui s'agitait dans les broussailles, ou sur les branches d'un arbre, sans penser que cet oiseau pouvait avoir un nid et ses petits à défendre, ont cru naturellement qu'il était sous l'empire du charme du serpent, tandis que cet oiseau ne cherchait qu'à défendre son nid; car il est connu de tout le monde que tous les animaux en général, et surtout les oiseaux, cherchent à défendre leurs petits, même au péril de leur vie. Nous avons vu quelquefois des femelles de perdrix attirer les chiens et même se laisser prendre pour sauver leurs petits. Il n'est donc pas étonnant, nous le répétons, que des personnes sensées, témoins de ces sortes de combats, n'apercevant point de nid et entendant l'oiseau pousser des cris et s'approcher du serpent, aient cru que c'était celui-ci qui l'attirait pour le dévorer, tandis que l'oiseau cherchait seulement à défendre ses petits. Du reste, tous les naturalistes révoquent en doute ce pouvoir merveilleux attribué au serpent ; voici ce que dit à ce sujet le comte de Lacépède :

« Lorsque les très-grands serpents sont encore éloignés de leur courte vieillesse, lorsqu'ils jouissent de toute leur activité et de toutes leurs forces, ils doivent les entretenir par une grande quantité de nourriture substantielle : aussi ne se contentent-ils pas de brouter l'herbe ou de manger des graines et des fruits, ils dévorent les animaux qu'ils peuvent saisir; et comme, dans la plupart des serpents, la digestion est très-longue, et que leurs aliments demeurent très-long-temps dans leurs corps, les substances animales qu'ils avalent et qui sont très-susceptibles de putréfaction s'y décomposent et s'y corrompent au point de répandre l'odeur la plus fétide. Il est arrivé à plusieurs voyageurs et particulièrement à M. de Laborde, qui avaient ouvert le corps d'un serpent, d'être comme suffoqués par l'odeur forte et puante qui s'exhalait des restes d'aliments que l'animal avait encore dans les intestins. Cette odeur vive pénètre le corps du serpent, et se faisant sentir de très-loin annonce à une assez grande distance l'approche du reptile. Fortifiée, dans plusieurs espèces, par celle qu'exhalent des glandes particulières, elle sort pour ainsi dire par tous les pores, mais se répand surtout par la gueule de l'animal; elle est produite par un grand volume de miasmes corrupteurs et de vapeurs méphitiques qui s'étendent jusqu'à la victime que le serpent veut dévorer, l'investit, la suffoque, ou ajoutant à la frayeur qu'inspire la présence du reptile, l'enivre, lui ôte l'usage de ses membres, suspend ses mouvements, anéantit ses forces, la plonge dans une sorte d'abattement et la livre sans défense à l'animal vorace et carnassier.

« Cette vapeur putride qui produit des effets si funestes sur les animaux qui y sont exposés, et qui a donné lieu à tant de contes bizarres et absurdes, forme une sorte d'atmosphère empestée autour de presque tous les grands reptiles, soit qu'ils aient du venin, soit qu'ils n'en soient pas infectés; elle ne doit être presque jamais rapportée à la nature de ce poison qui, malgré son activité, ne répand pas souvent une odeur sensible, même lorsqu'il est mortel. »

On voit qu'il est impossible d'établir la moindre comparaison entre les serpents dont parle Lacépède et ceux qui habitent nos contrées; ceux-ci étant très-petits et ne se nourrissant que d'insectes, de grenouilles et de petits lézards, aucune odeur bien sensible ne peut s'exhaler de leur corps, et par suite produire les moindres effets pernicieux sur de petits oiseaux qui se tiennent ordinairement perchés sur les arbres ; dans tous les cas, si ce pouvoir merveilleux, attribué aux serpents, existait réellement, il serait impossible de l'expliquer physiquement ; car il serait absurde, par exemple, ainsi que quelques personnes l'ont pensé, de lui donner pour cause l'aspiration du serpent qui ferait le vide, et encore moins la curiosité de l'oiseau. Tout le monde sait que la curiosité des alouettes est vivement excitée par la réfraction d'un miroir exposé aux rayons du soleil, et que la clarté d'une chandelle attire celle des papillons de nuit, qui, après avoir voltigé pendant quelque temps autour de la lumière, finissent le plus souvent par se brûler les ailes ou se faire dévorer entièrement par la flamme ; mais on ne concevra jamais qu'un serpent attire à ce point la curiosité d'un oiseau pour forcer celui-ci à venir se jeter dans sa gueule pour se faire dévorer. La nature aurait-elle par hasard refusé aux oiseaux l'instinct de la conservation qu'elle a prodigué à tous les autres animaux ? Non, assurément : les oiseaux, en général, sont doués de beaucoup plus d'intelligence que certains quadrupèdes vivipares ; quoi qu'il en soit, nous allons plus loin ; nous doutons même qu'il fût possible à la plus grande de nos couleuvres, malgré l'élasticité de ses mâchoires, d'avaler un oiseau revêtu de ses plumes (1). Nous avons vu, en effet, que les dents des couleuvres sont à peine sensibles, et qu'elles sont courbées en arrière non pas pour déchirer ou

(1) Un jeune homme de notre connaissance garda une couleuvre verte pendant dix-huit mois dans une chambre où se trouvait également un serin, mais jamais il n'aperçut sa couleuvre faire la moindre tentative pour dévorer le serin. Cet innocent animal, qui s'était en quelque sorte apprivoisé, vivait de mouches et de mie de pain ; pendant le jour il se tenait constamment caché dans un coin de la chambre ; mais, chaque nuit, il ne manquait jamais de se glisser dans le lit du jeune homme et de s'entortiller derrière ses épaules.

broyer leur proie, mais afin de la retenir et pouvoir ensuite l'avaler en la faisant glisser petit à petit dans leur gosier. Voici, du reste, un fait dont nous avons été témoin, qui prouve combien les serpents éprouvent de difficulté et sont obligés de faire des efforts pour avaler des objets qui ne sont pas proportionnés à l'ouverture de leur gueule. Passant un jour sur le bord d'un ruisseau, nous vimes tout à coup une couleuvre à collier s'élancer avec la rapidité d'une flèche sur une grenouille de moyenne grandeur et la saisir dans l'eau par une patte seulement; la grenouille, malgré tous ses efforts, ne put s'échapper de la gueule de ce reptile, qui resta à peu près à la même place en faisant constamment des efforts pour avaler la grenouille. Nous eûmes la constance de rester pendant demi-heure au bord du ruisseau, toujours les yeux fixés sur le serpent et la grenouille; mais, au bout de ce temps, celle-ci était à peine avalée à moitié ; les pattes de devant ainsi que la tête paraissaient encore. Notre patience ayant été lassée, nous finimes par assommer la couleuvre, aussitôt la grenouille s'échappa de sa gueule et se mit à sauter sans paraitre avoir reçu la moindre atteinte. Il est cependant probable que le serpent, avec le temps, aurait fini par avaler la grenouille. Mais pourrait-il en être de même d'un oiseau revêtu de ses plumes? Nous ne le pensons pas. La peau humide et gluante de la grenouille se prête facilement à cette opération, tandis qu'un oiseau muni de ses plumes présente les plus grands obstacles pour être avalé ; il n'y a que les oiseaux qui sont seulement éclos qui peuvent devenir la proie des serpents de nos contrées.

On doit donc reléguer au rang des fables le pouvoir merveilleux attribué aux serpents. Il est tout aussi absurde que les contes ridicules qu'on a débités sur la salamandre et sur tant d'autres animaux aussi innocents.

FIN.

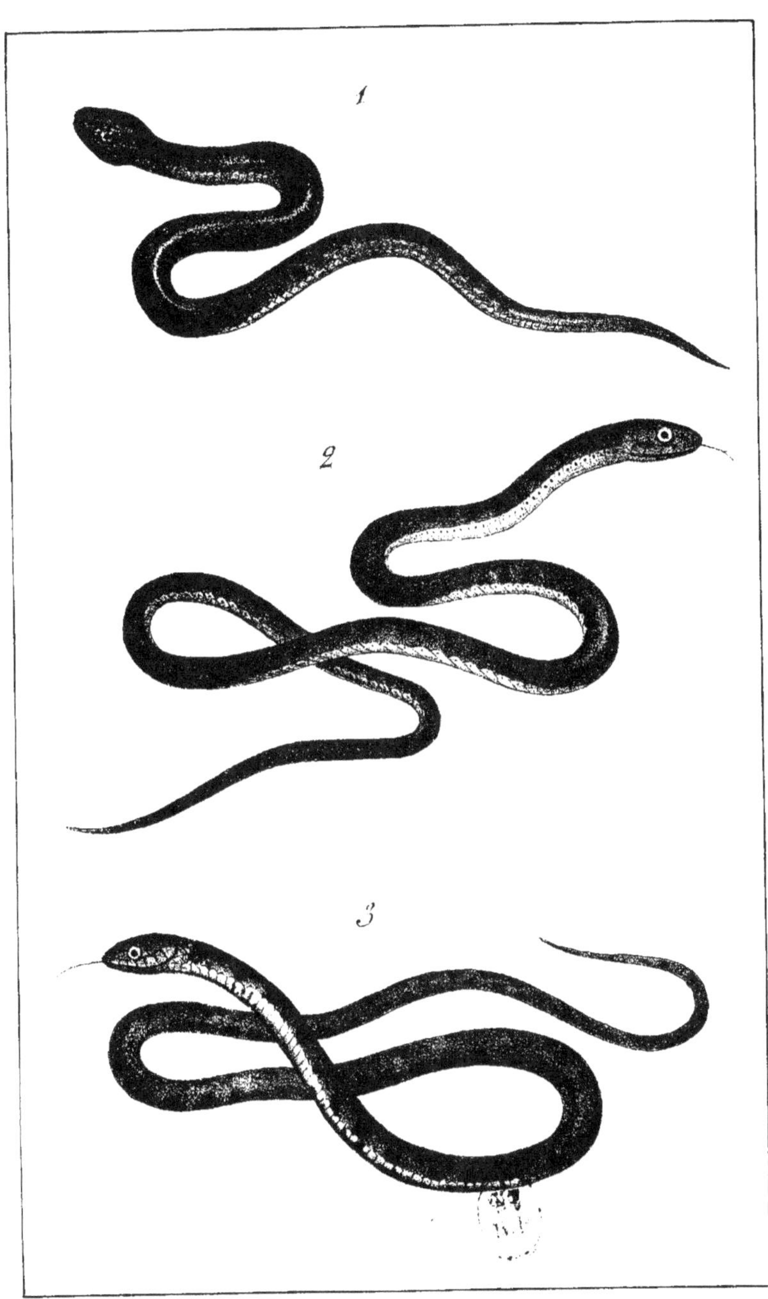

1. La Vipère commune.
2. La Couleuvre commune.
3. La Couleuvre à collier.

1. La Salamandre terrestre.
2. La Salamandre à queue plate.
3. La Tortue bourbeuse.